经典别墅实用设计[CAD]图集

别·墅·建·筑·设·计

理想·宅

编

U0214544

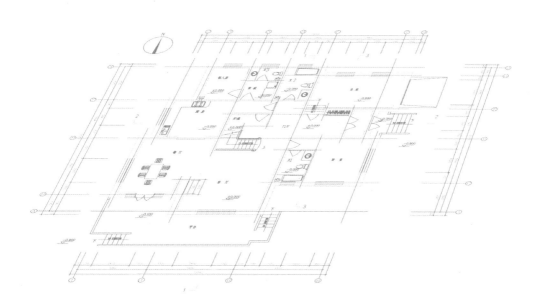

海峡出版发行集团
THE STRAITS PUBLISHING & DISTRIBUTING GROUP

福建科学技术出版社
FUJIAN SCIENCE & TECHNOLOGY PUBLISHING HOUSE

新中式风格

案例 1　157.2m² 两层砖混（详图见内文 4~7 码）

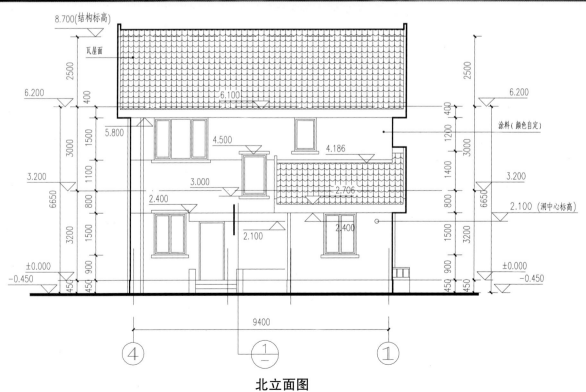

北立面图

新中式风格

案例2　210.0m² 两层砖混（详图见内文 8~9 码）

①~⑦轴立面图

新中式风格

案例 3　255.0m^2 两层砖混（详图见内文 9~12 码）

Ⓓ~Ⓐ轴立面图　　　　　　　Ⓐ~Ⓓ轴立面图

新中式风格

案例 4　298.0m² 三层砖混（详图见内文 13~14 码）

①～⑨轴立面图

美式风格

案例 1　207.9m² 两层砖混（详图见内文 16~17 码）

Ⓐ~Ⓕ轴立面图　　　①~④轴立面图

美式风格

案例 2　230.7m² 三层砖混（详图见内文 18~21 码）

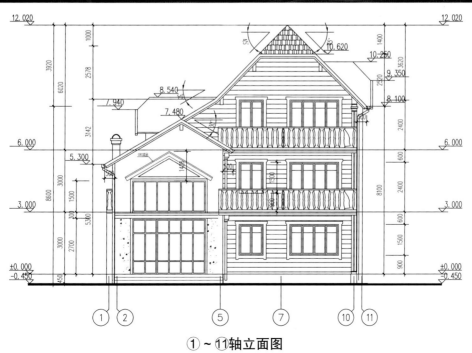

①~⑪轴立面图

美式风格

案例 3　235.7m² 两层砖混（详图见内文 21~24 码）

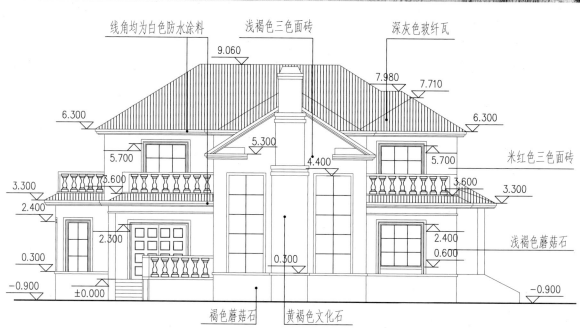

线角均为白色防水涂料　浅褐色三色面砖　深灰色玻纤瓦

9.060

7.980　7.710

6.300　6.300

5.700　5.300　米红色三色面砖

4.400　5.700

3.300　3.600　3.600　3.300

2.400　2.400

2.300　浅褐色蘑菇石

0.300　0.300　0.600

-0.900　±0.000　-0.900

褐色蘑菇石　黄褐色文化石

右立面图

美式风格

案例 4　237.4m^2 两层砖混（详图见内文 25 码）

正立面图

美式风格

案例 5　249.8m² 两层框架（详图见内文 25~28 码）

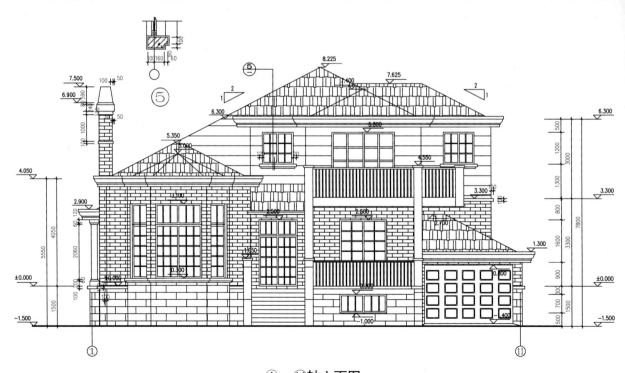

①~⑪轴立面图

美式风格

案例 6　327.9m^2 两层砖混（详图见内文 29~31 码）

①～⑨轴立面图

美式风格

案例 7　337.1m² 两层砖混（详图见内文 32~34 码）

① ~ ⑫轴立面图

美式风格

案例 8　338.0m^2 两层砖混（详图见内文 35 码）

南立面图

北立面图

美式风格
案例 9　372.4m² 两层砖混（详图见内文 36~37 码）

南立面图

美式风格

案例 10　386.3m² 两层砖混（详图见内文 37~40 码）

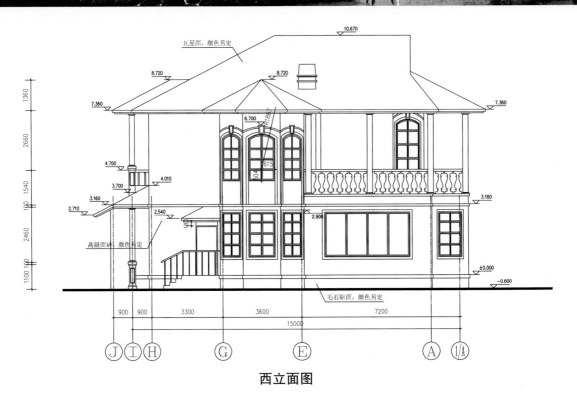

西立面图

英式风格

案例 1　251.3m^2 两层砖混（详图见内文 42~45 码）

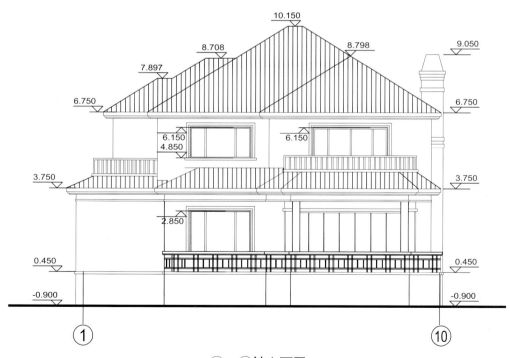

①~⑩轴立面图

英式风格

案例 2　330.7m^2 三层框架（详图见内文 46~49 码）

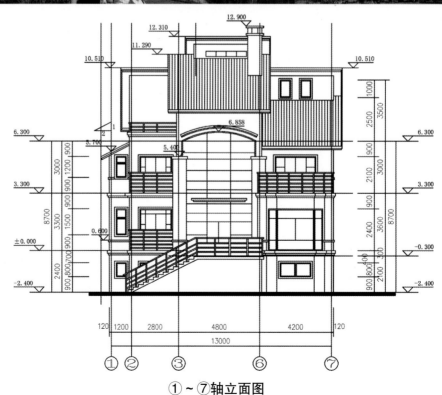

①～⑦轴立面图

英式风格

案例3　403.2m^2 两层砖混（详图见内文 50~52 码）

①~⑦轴立面图

英式风格

案例 4　412.2m² 三层框架（详图见内文 53~58 码）

Ⓕ~Ⓐ轴立面图

英式风格

案例5　412.7m² 三层框架（详图见内文 59~63 码）

①~⑥轴立面图

英式风格

案例 6　490.7m^2 三层框架（详图见内文 64~67 码）

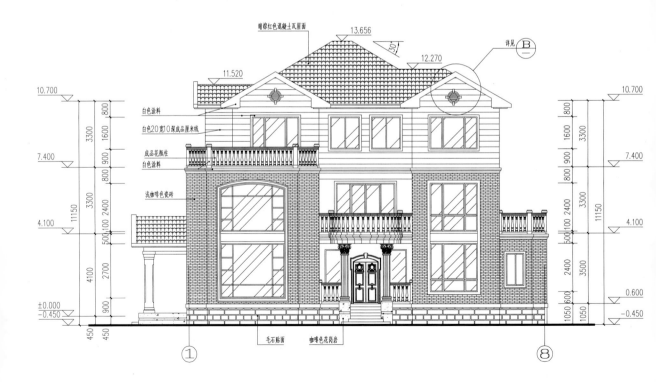

①~⑧轴立面图

英式风格

案例 7　558.1m^2 三层砖混（详图见内文 68~70 码）

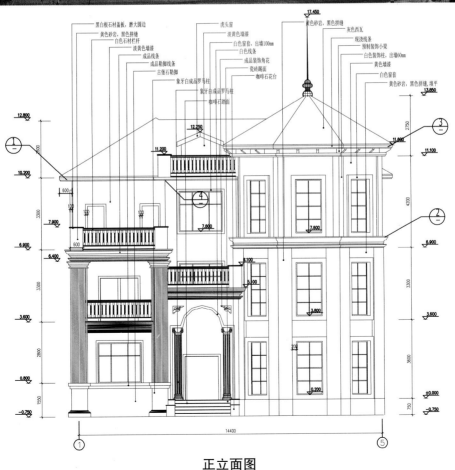

正立面图

英式风格

案例 8　587.3m² 三层框架（详图见内文 71~75 码）

Ⓐ ~ Ⓖ轴立面图

英式风格

案例 9　612.0m² 三层框架（详图见内文 76~82 码）

ⓒ～Ⓐ轴立面图

英式风格

案例 10　924.7m² 三层框架（详图见内文 83~84 码）

北立面图

英式风格

案例 11　1065.0m² 三层框架（详图见内文 84~89 码）

○1○~○10轴立面图

英式风格

案例 12 2245.1m² 三层框架（详图见内文 90~98 码）

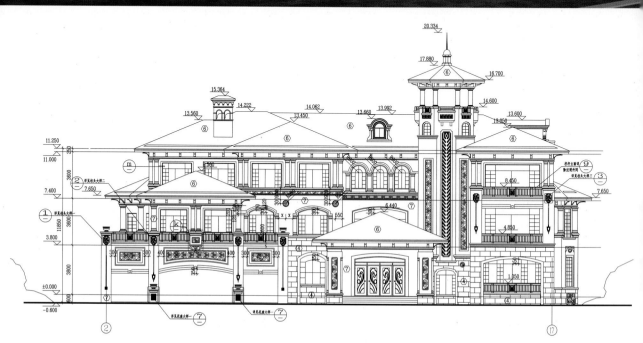

②～⑰轴立面图

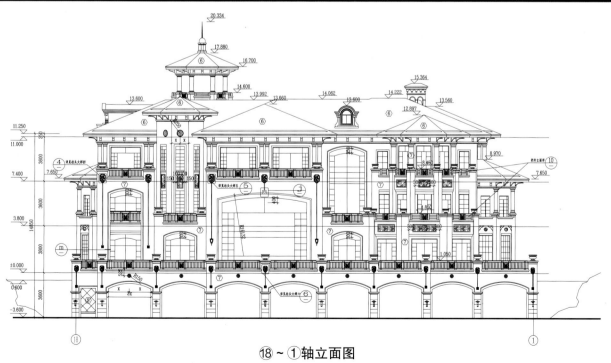

⑱～①轴立面图

西班牙风格

案例 1　155.5m^2 两层砖混（详图见内文 100~103 码）

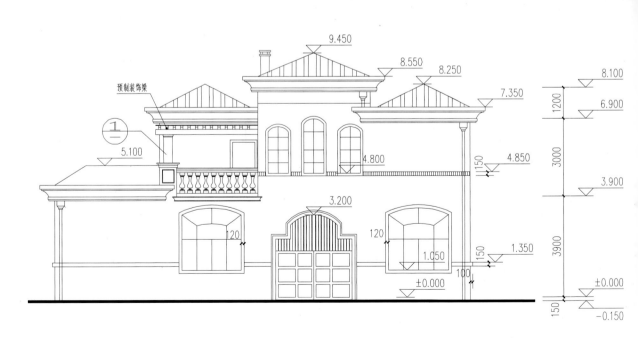

北立面图

西班牙风格

案例 2　285.5m² 三层框架（详图见内文 104~109 码）

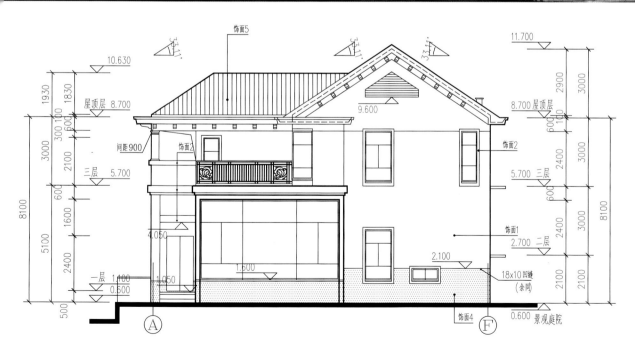

Ⓐ~Ⓕ轴立面图

西班牙风格

案例 3　310.0m² 三层砖混（详图见内文 109~112 码）

①~⑩轴立面图

西班牙风格

案例 4　354.5m^2 三层砖混（详图见内文 113~114 码）

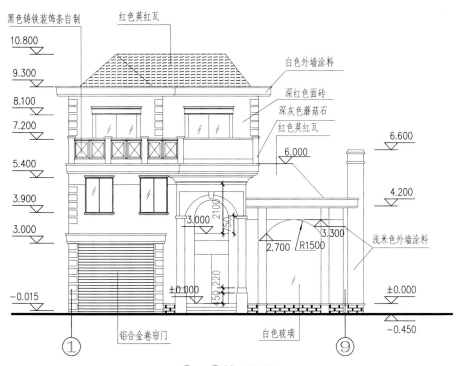

①～⑨轴立面图

西班牙风格

案例 5　386.5m² 两层砖混（详图见内文 115~116 码）

临湖立面图

背立面图

西班牙风格

案例 6　489.9m² 三层砖混（详图见内文 117~120 码）

北立面图

现代风格

案例 1　241.6m² 两层砖混（详图见内文 122~129 码）

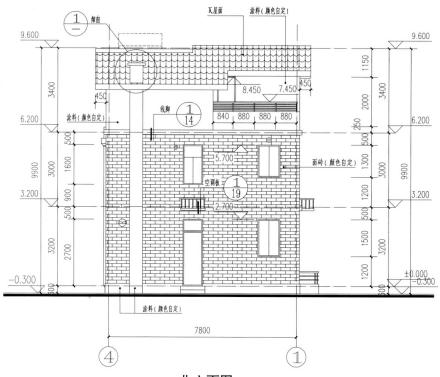

北立面图

现代风格

案例 2　265.1m^2 三层砖混（详图见内文 130~131 码）

9.900

5.800

2.900

-0.300

-0.600

北立面图

现代风格

案例 3　361.5m² 两层砖混（详图见内文 132~134 码）

北立面图

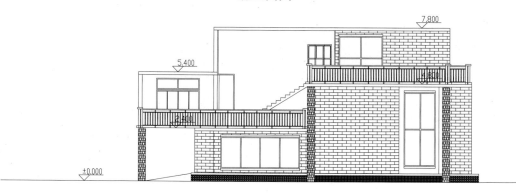

南立面图

现代风格

案例 4　394.0m² 两层砖混（详图见内文 135~139 码）

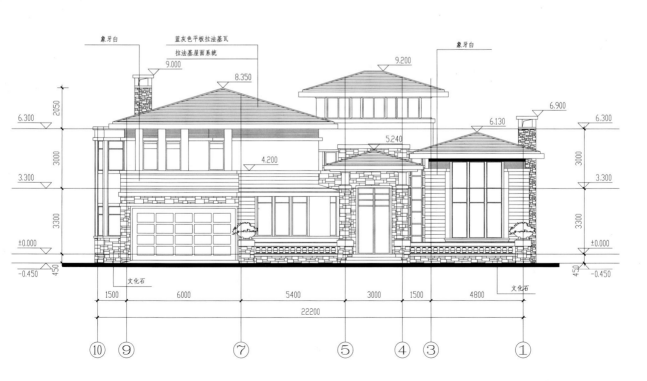

北立面图

现代风格

案例 5　629.0m² 两层框架（详图见内文 139~151 码）

①~⑦轴立面图

前言

随着生活水平的提高，人们对审美的要求也逐渐提高，从人们对建筑外立面越来越重视便可看出这一点。别墅设计是近几年的热门领域，而外立面是建筑的"脸面"，合适的外立面将凸显房主的审美，而不合时宜的设计则会"贻笑大方"。为了提高广大建筑设计师的审美和设计水平，结合小别墅前沿设计理念，我们郑重推出本书。本书由土木在线网组织编写，汇集了多套完整的精品小别墅设计图纸，按不同风格进行分类，它们均是专业人士从网站近期投稿作品中反复筛选的成果。

书中所有图形文件均与光盘文件一一对应，读者可拷入计算机中浏览阅读，或者当作图块即插即用，不仅可以学习借鉴优秀设计图样的绘制技法，更能开阔眼界和思路，还可避免一些重复的绘图工作，大大提高工作效率和工作质量。对于书中的案例适合什么场合，请读者谨慎推敲，切勿生搬硬套。

参加本书编写的人员有：徐武、安平、陈建华、陈宏、蔡志宏、邓毅丰、邓丽娜、黄肖、黄华、何志勇、郝鹏、李卫、林艳云、李广、李锋、李保华、刘团团、李小丽、李四磊、刘杰、刘彦萍、刘伟、刘全、梁越、马元、孙银青、王军、王力宇、王广洋、许静、谢永亮、肖冠军、叶萍、杨柳、于兆山、张志贵、张蕾。

目 录

第一章
新中式风格

　　新中式风格诞生于中国传统文化复兴的新时期，伴随着国力增强，民族意识逐渐复苏，人们开始从纷乱的"摹仿"和"拷贝"中整理出头绪。在探寻中国设计界的本土意识之初，逐渐成熟的新一代设计队伍和消费市场孕育出含蓄秀美的新中式风格。

　　中国风并非完全意义上的复古明清，而是通过中式风格的特征，表达对清雅含蓄、端庄丰华的东方式精神境界的追求。

案例 1　157.2m² 两层砖混

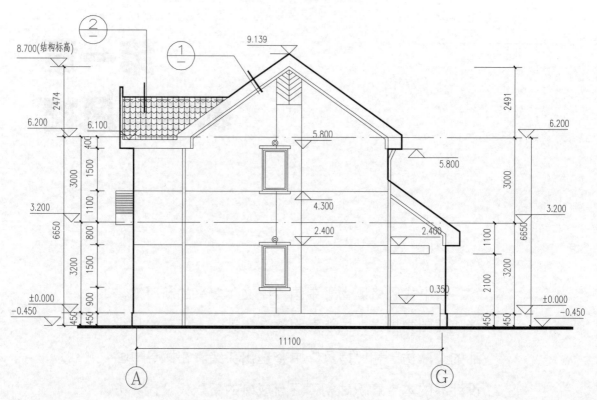

东立面图

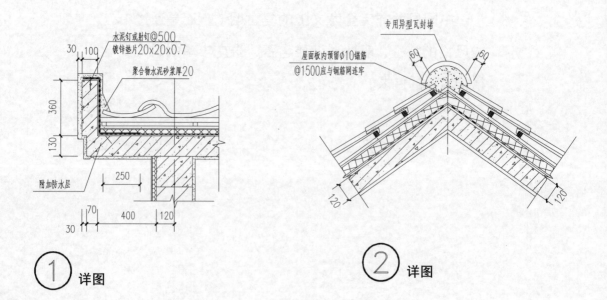

① 详图

② 详图

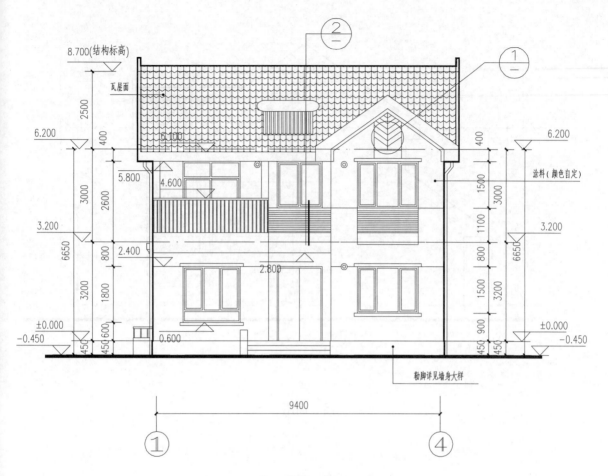

① ~ ④轴立面图

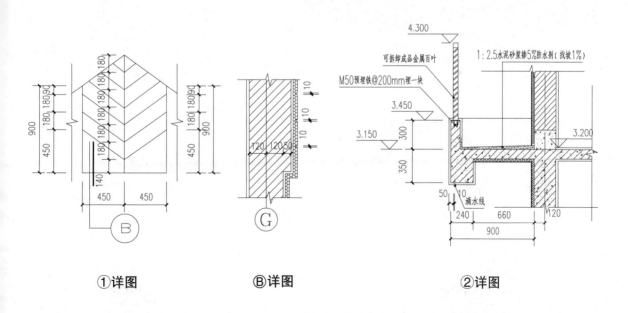

①详图   Ⓑ详图   ②详图

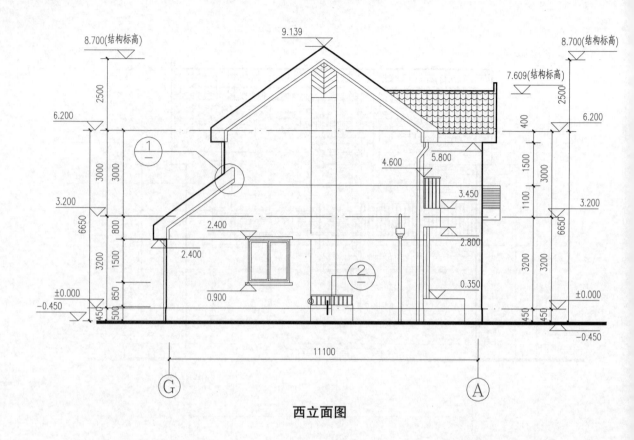

西立面图

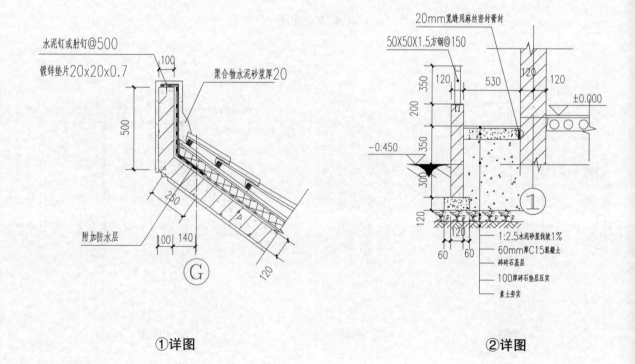

①详图

②详图

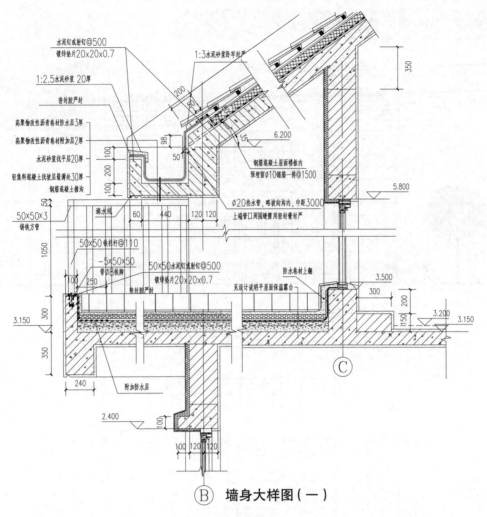

水泥钉或射钉@500
镀锌垫片20x20x0.7
1:2.5水泥砂浆 20厚
密封胶严封
高聚物改性沥青卷材防水层3厚
高聚物改性沥青卷材附加层2厚
水泥砂浆找平层20厚
轻集料混凝土找坡层最薄处30厚
钢筋混凝土檐沟

50x50x3
铸铁方管
50x50 铁栏杆@110
-5x50x50
带Φ8铁脚
50x50水泥钉或射钉@500
镀锌垫片20x20x0.7
密封胶严封

滴水线

1:3水泥砂浆卧牢封严

钢筋混凝土屋面楼板内
预埋留Φ10锚筋一排@1500

Φ20泄水管,略坡向沟内,中距3000
上端管口周围缝隙用密封膏封严

防水卷材上翻
见设计说明平屋面保温露台

附加防水层

B 墙身大样图（一）

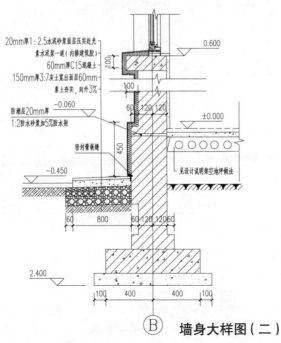

20mm厚1:2.5水泥砂浆面层压实起光
素水泥浆一道(内掺建筑胶)
60mm厚C15混凝土
150mm厚3:7灰土宽出面层60mm
素土夯实,向外3%

防潮层20mm厚
1:2防水砂浆加5%防水剂

密封膏嵌缝

见设计说明架空地坪做法

B 墙身大样图（二）

案例2　210.0m² 两层砖混

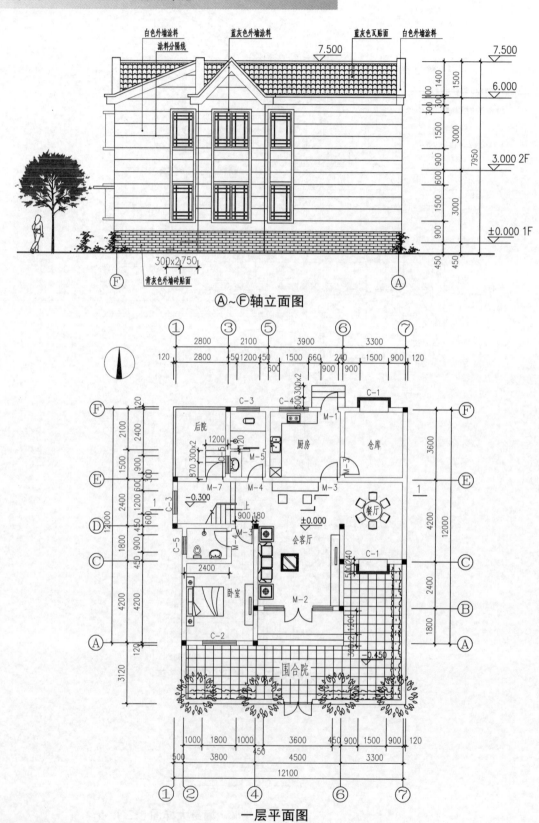

A～F轴立面图

一层平面图

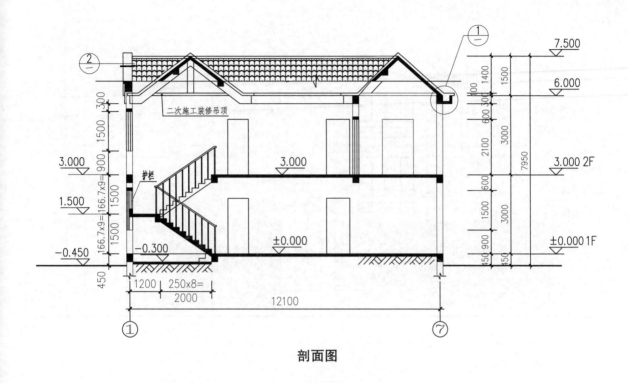

剖面图

案例 3 255.0m² 两层砖混

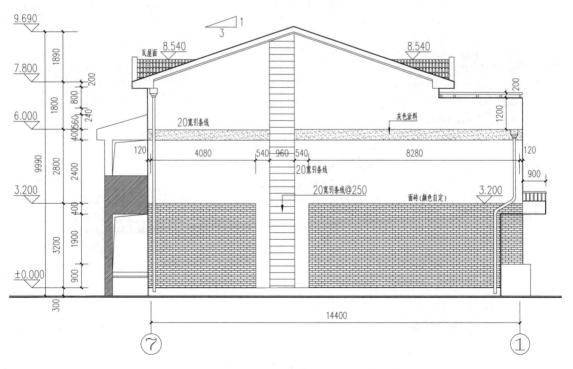

东立面图

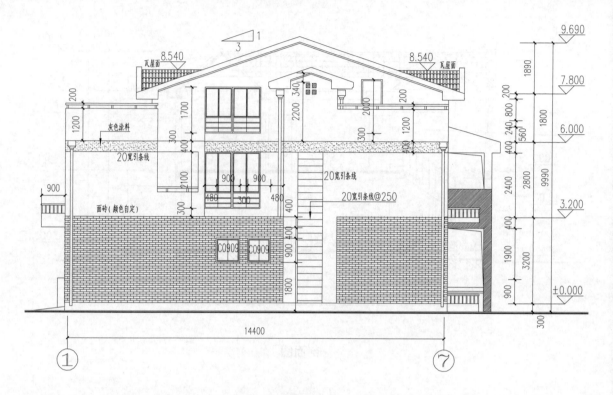

西立面图

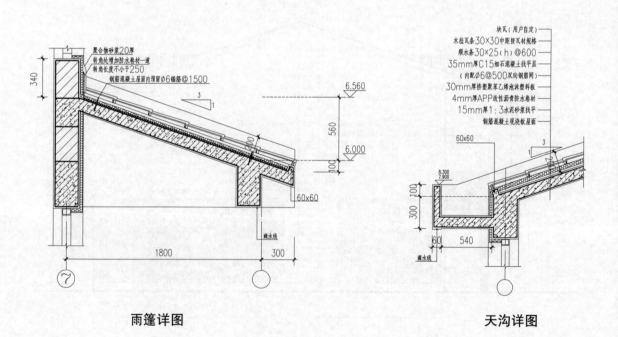

雨篷详图

天沟详图

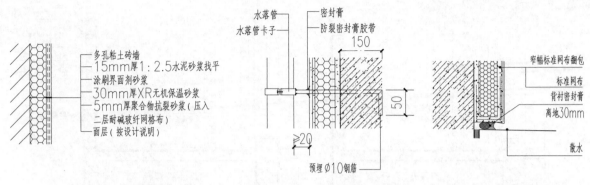

外墙保温构造节点图　　　　雨水管管扣预埋节点　　　　外墙外保温勒脚构造节点

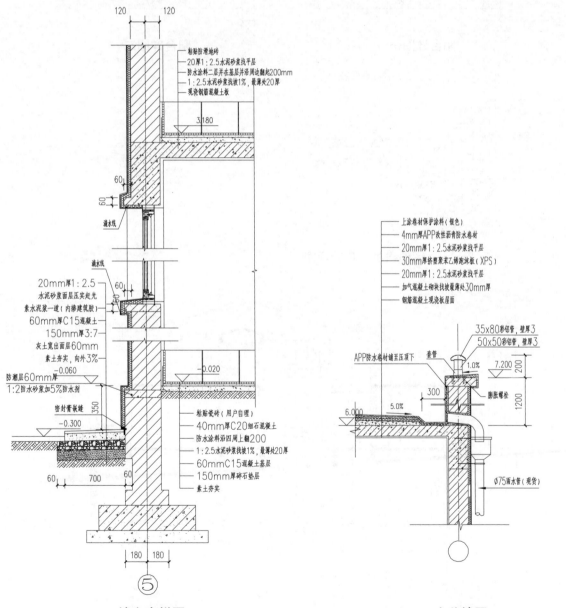

墙身大样图　　　　　　　　　　　　女儿墙图

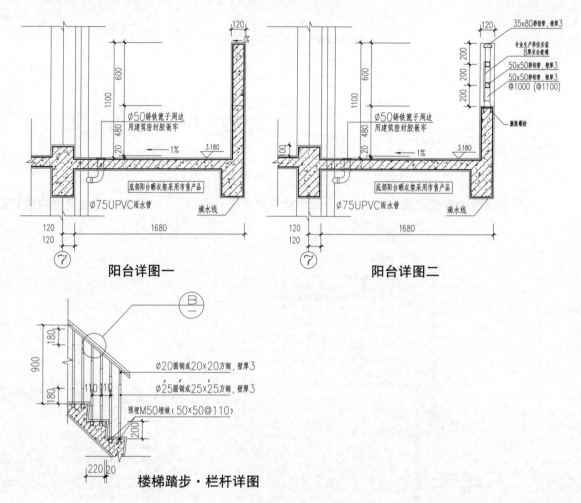

Ø50铸铁篦子周边
用建筑密封胶嵌牢

底部阳台晒衣架采用市售产品

Ø75UPVC雨水管　滴水线

⑦

阳台详图一

35x80彩铝管，壁厚3
专业生产单位安装
8厚安全玻璃
50x50彩铝管，壁厚3
50x50彩铝管，壁厚3
@1000（@1100）
膨胀螺栓

Ø50铸铁篦子周边
用建筑密封胶嵌牢

底部阳台晒衣架采用市售产品

Ø75UPVC雨水管　滴水线

⑦

阳台详图二

Ø20圆钢或20x20方钢，壁厚3
Ø25圆钢或25x25方钢，壁厚3
预埋M50埋铁（50x50@110）

楼梯踏步·栏杆详图

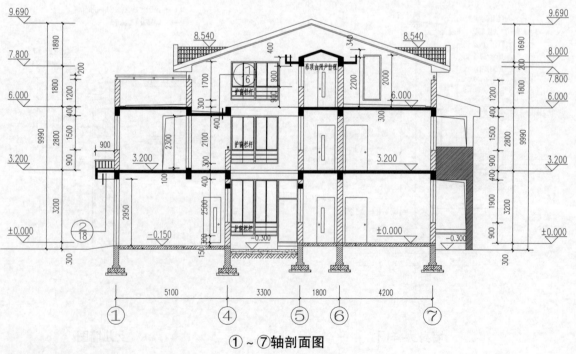

吊顶由用户自理

护窗栏杆

护窗栏杆

护窗栏杆

护窗栏杆

①～⑦轴剖面图

案例 4　298.0m² 三层砖混

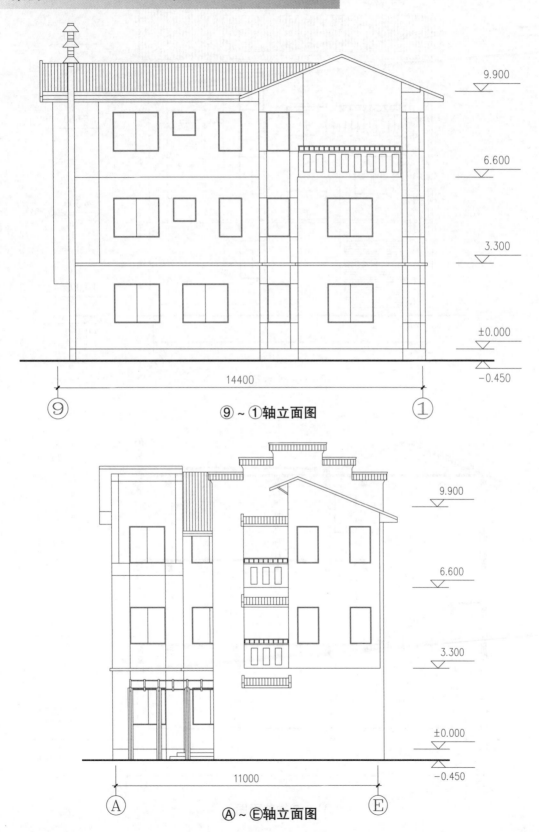

⑨~①轴立面图

Ⓐ~Ⓔ轴立面图

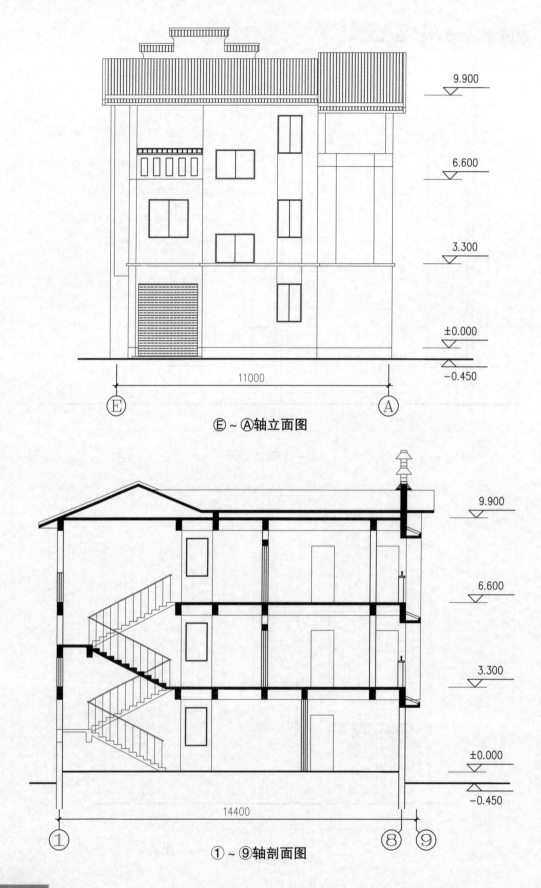

9.900

6.600

3.300

±0.000

−0.450

11000

Ⓔ　　　　　　Ⓐ

Ⓔ ~ Ⓐ轴立面图

9.900

6.600

3.300

±0.000

−0.450

14400

①　　　　　　⑧ ⑨

① ~ ⑨轴剖面图

第二章
美式风格

美式别墅又叫北美风情风格别墅。简约大气,集各种建筑精华于一身,设计非常具有人性化,在别墅市场很受欢迎。

美国的住宅,吸收当今世界住宅建筑之精华,又融合了美国人自由、活泼、善于创新等一些人文元素,被称为国际上最先进、最人性化、最富创意的住宅。

案例 1　207.9m² 两层砖混

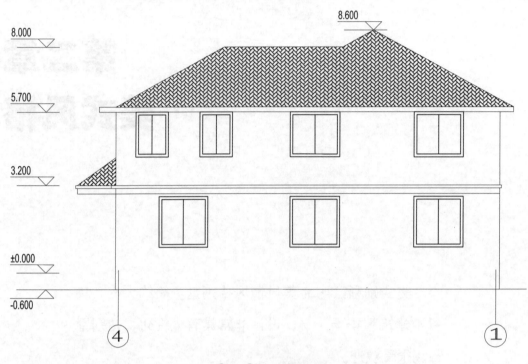

④~①轴立面图

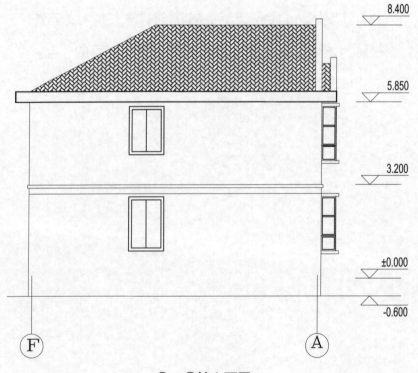

Ｆ~Ａ轴立面图

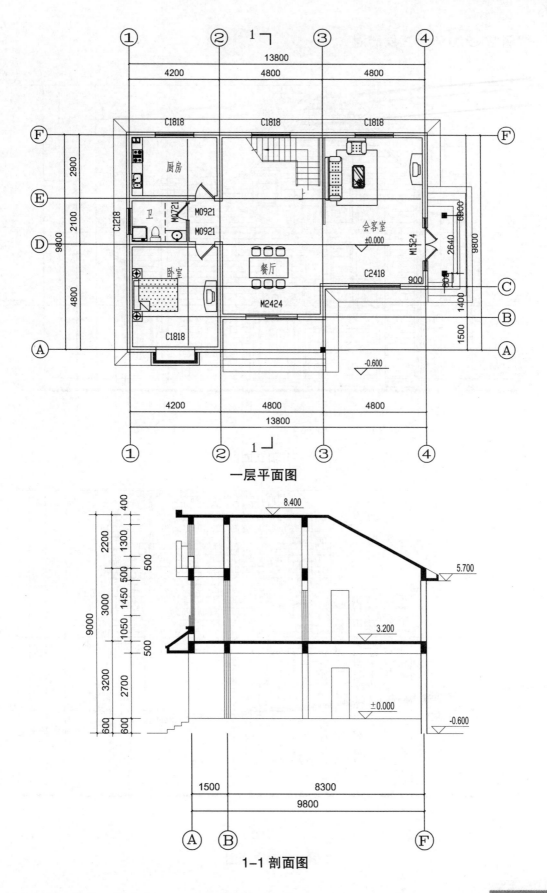

一层平面图

1—1 剖面图

案例 2　230.7m² 三层砖混

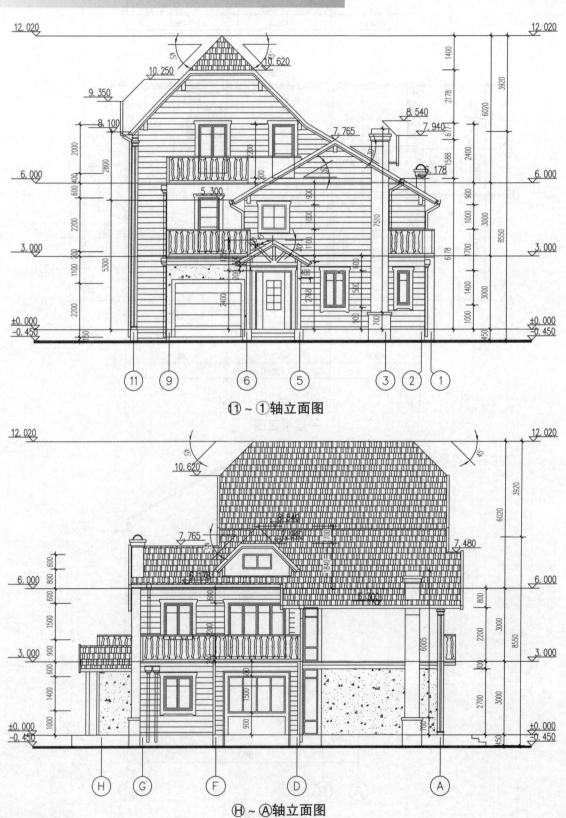

⑪ ~ ① 轴立面图

⑭ ~ ⓐ 轴立面图

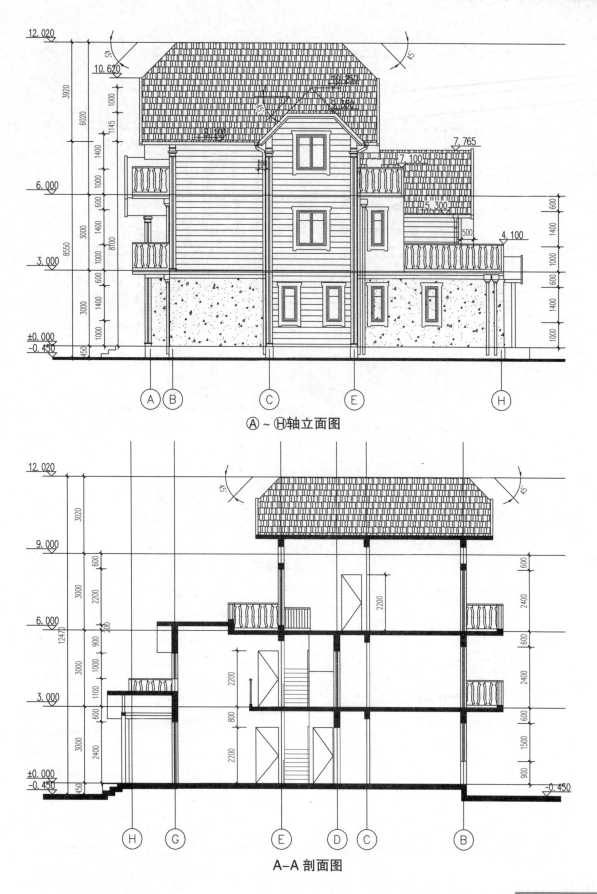

Ⓐ~Ⓗ轴立面图

A—A 剖面图

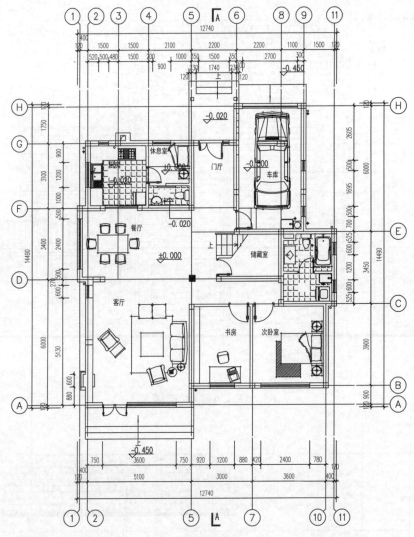

一层平面图

名称	编号	套用图集	洞口尺寸		数量				备注	名称	编号	套用图集	洞口尺寸		数量				备注
			宽	高	总数	1层	2层	3层					宽	高	总数	1层	2层	3层	
门	M-1	见立面	3600	2700	1	1			彩色铝合金平开门（防盗门）	窗	C-1	见立面	2400	1500	2	2			彩色铝合金平开窗
	M-2	见立面	1500	2400	1	1			钢框木质防盗门		C-2	见立面	1200	1500	2	1	1		彩色铝合金平开窗
	M-3	见立面	2700	2200	1	1			彩色铝合金车库滑升门（成品）		C-3	见立面	600	2700	1	1			彩色铝合金固定窗
	M-4	见立面	2400	2400	2		1	1	彩色铝合金推拉门		C-3′	见立面	600	2200	1			1	彩色铝合金固定窗
	M-5	见立面	2400	2200	1	1			彩色铝合金推拉门		C-4	见立面	1200	1400	4	1	1	2	彩色铝合金平开窗
	M-6	见立面	900	2200	2		1	1	彩色铝合金平开门		C-4′	见立面	1200	1500	1		1		彩色铝合金平开窗
	M-7	见立面	1200	2400	1				彩色铝合金平开门		C-5	见立面	500	1400	4	3	1		彩色铝合金平开窗
	M-8	成品	900	2200	1	1			乙级防火门（市场成品）		C-6	见立面	900	1500	3	3			彩色铝合金平开窗
											C-7	见立面	3600	1500	1			1	彩色铝合金固定窗
											C-8	见立面	1000	1000	1			1	彩色铝合金固定窗
	合计				10	4	3	3			C-9	见立面	1200	2000	1			1	彩色铝合金平开窗
											合计				20	11	7	2	

附注：
1. 门窗表及立面外包尺寸均为门窗洞口尺寸。门窗制作前需现场核实尺寸，并根据外墙装饰材料扣除相应尺寸后再落料加工。
2. 铝合金门采用 100 系列，铝合金窗采用 70 系列，玻璃采用 5+5 中空玻璃，离地 900 以下玻璃采用钢化玻璃，其他为浮法玻璃。

门窗表

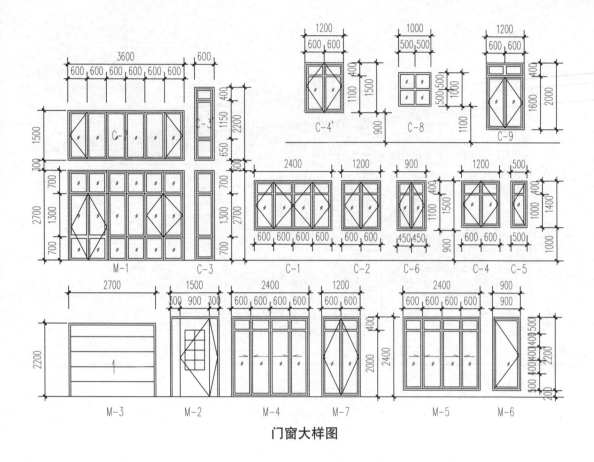

门窗大样图

案例3 235.7m² 两层砖混

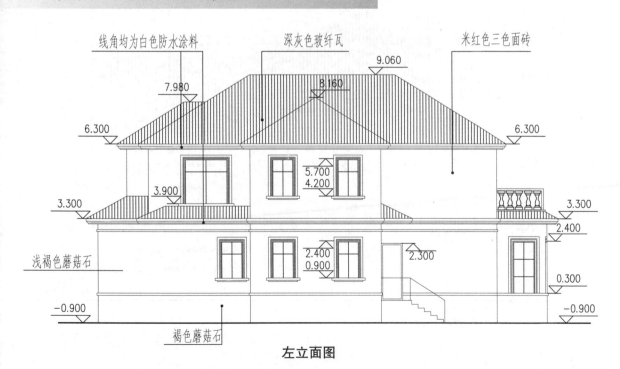

左立面图

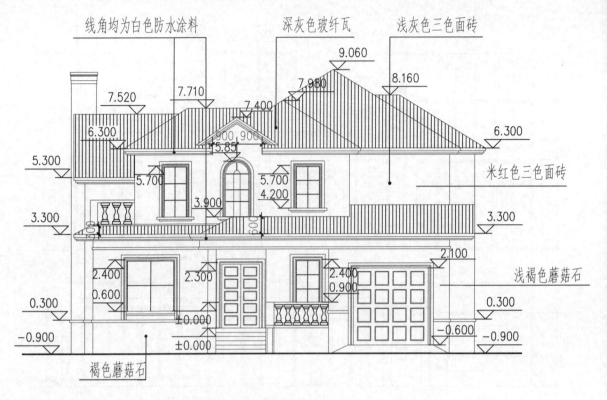

正立面图

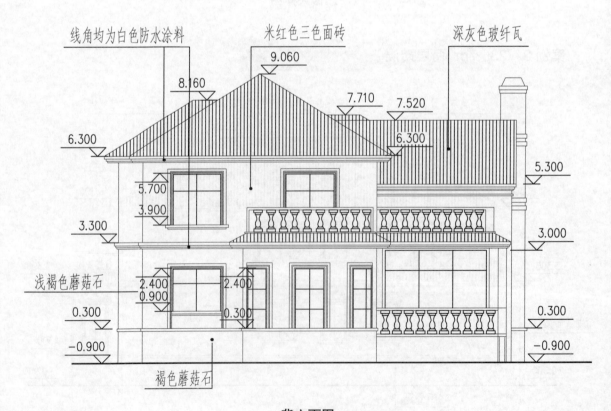

背立面图

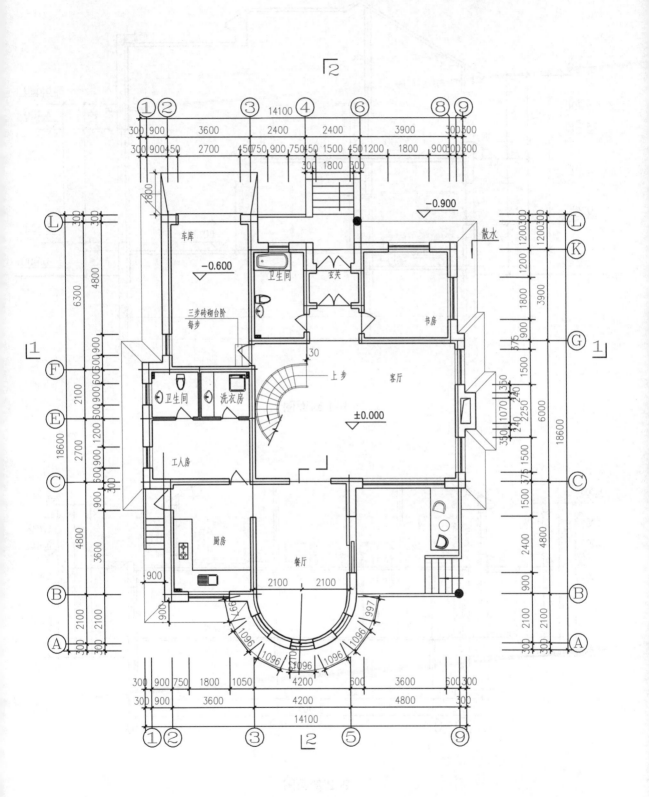

一层平面图

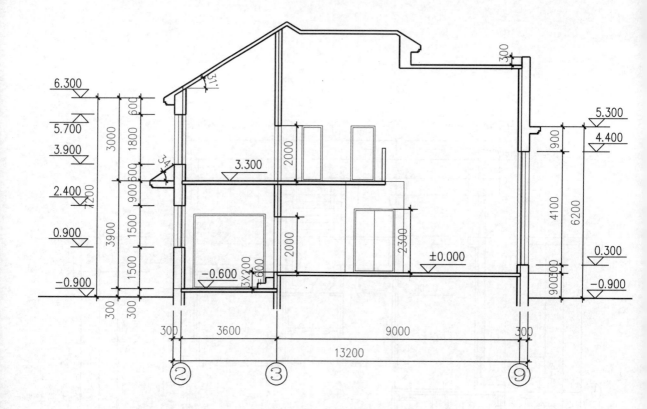

1-1 剖面图

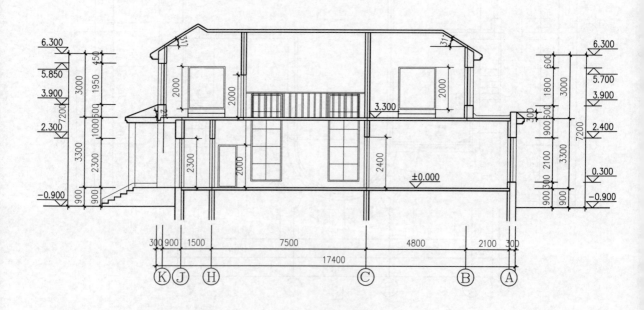

2-2 剖面图

案例4　237.4m² 两层砖混

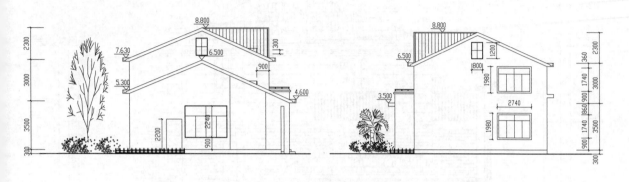

左侧面图　　　　　　　　　　右侧面图

案例5　249.8m² 两层框架

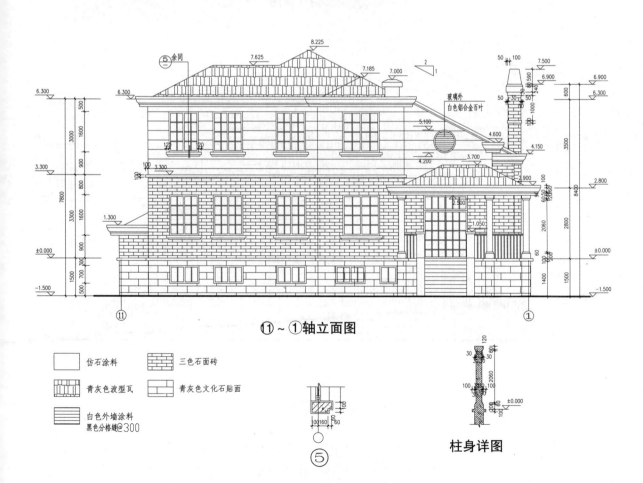

⑪～①轴立面图

	仿石涂料		三色石面砖
	青灰色波型瓦		青灰色文化石贴面
	白色外墙涂料 黑色分格缝@300		

⑤

柱身详图

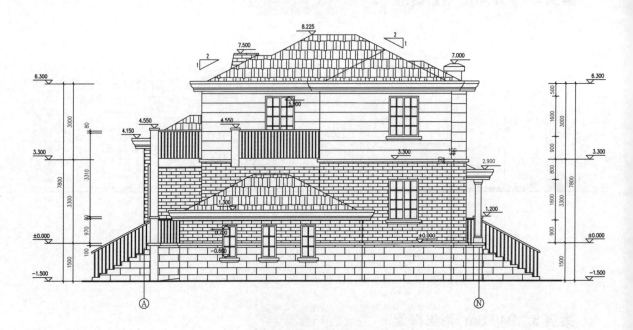

Ⓐ～Ⓝ轴立面图

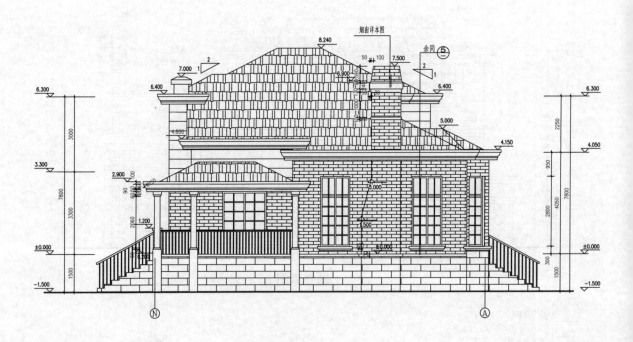

Ⓝ～Ⓐ轴立面图

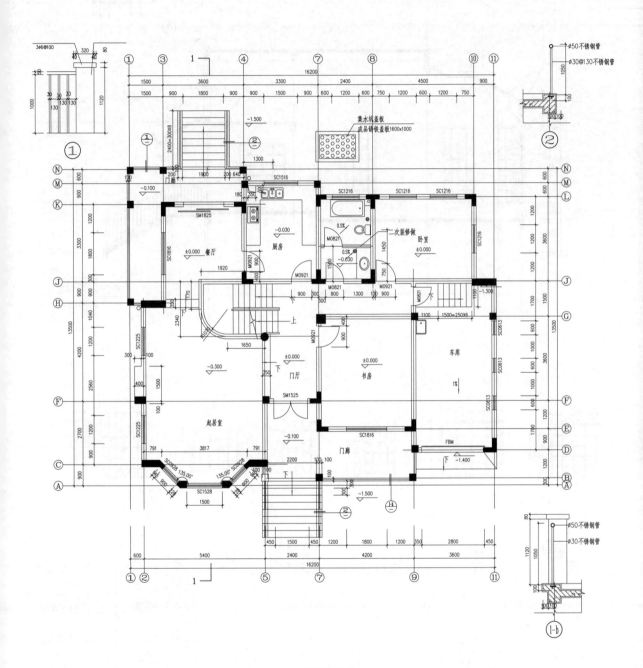

一层平面图

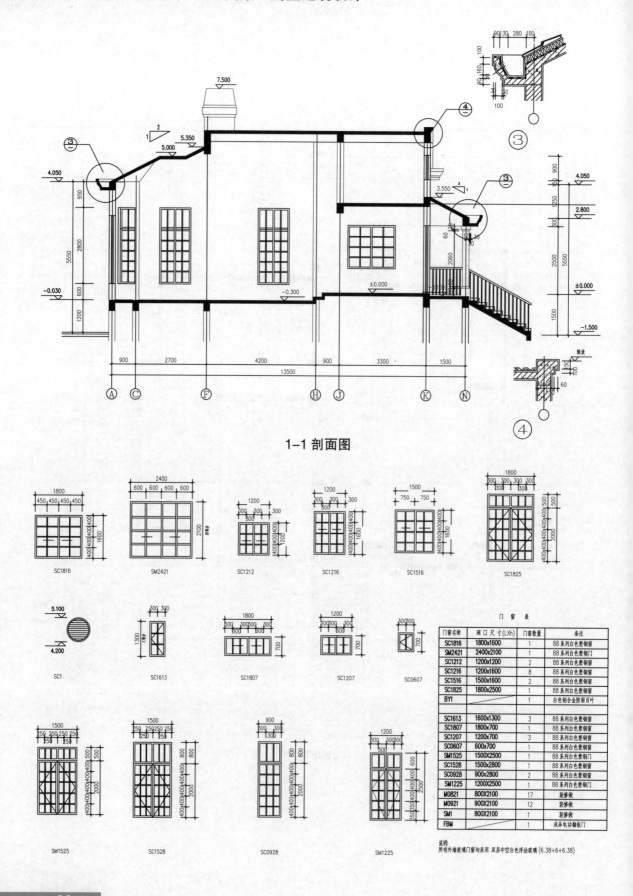

1-1 剖面图

门窗名称	洞口尺寸(LXh)	门窗数量	备注
SC1816	1800x1600	1	88系列白色塑钢窗
SM2421	2400x2100	1	88系列白色塑钢门
SC1212	1200x1200	2	88系列白色塑钢窗
SC1216	1200x1600	8	88系列白色塑钢窗
SC1516	1500x1600	2	88系列白色塑钢窗
SC1825	1800x2500	1	88系列白色塑钢窗
BY1		1	白色铝合金防雨百叶
SC1613	1600x1300	3	88系列白色塑钢窗
SC1807	1800x700	1	88系列白色塑钢窗
SC1207	1200x700	3	88系列白色塑钢窗
SC0607	600x700	1	88系列白色塑钢窗
SM1525	1500X2500	1	88系列白色塑钢门
SC1528	1500x2800	1	88系列白色塑钢窗
SC0928	900x2800	2	88系列白色塑钢窗
SM1225	1200X2500	1	88系列白色塑钢门
M0821	800X2100	17	装修做
M0921	900X2100	12	装修做
SM1	800X2100	1	装修做
FBM		1	成品电动翻板门

门窗表

说明:
所有外墙玻璃门窗均采用 双层中空白色浮法玻璃(6.38+6+6.38)

案例6 327.9m² 两层砖混

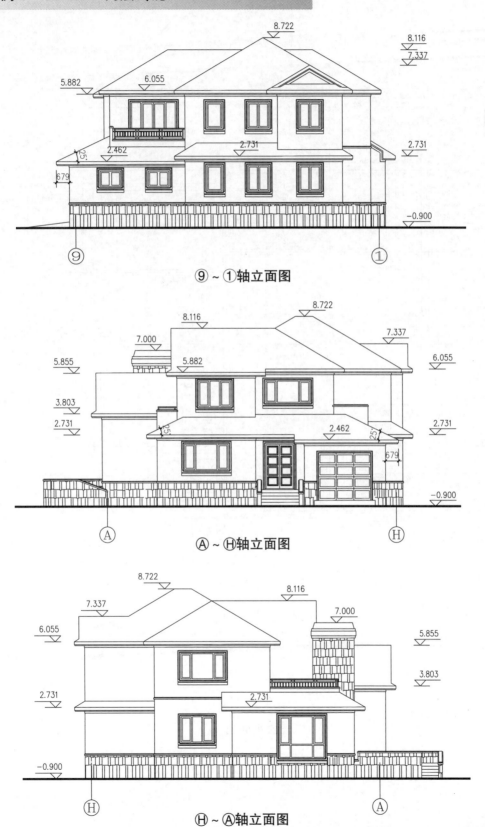

⑨～①轴立面图

Ⓐ～Ⓗ轴立面图

Ⓗ～Ⓐ轴立面图

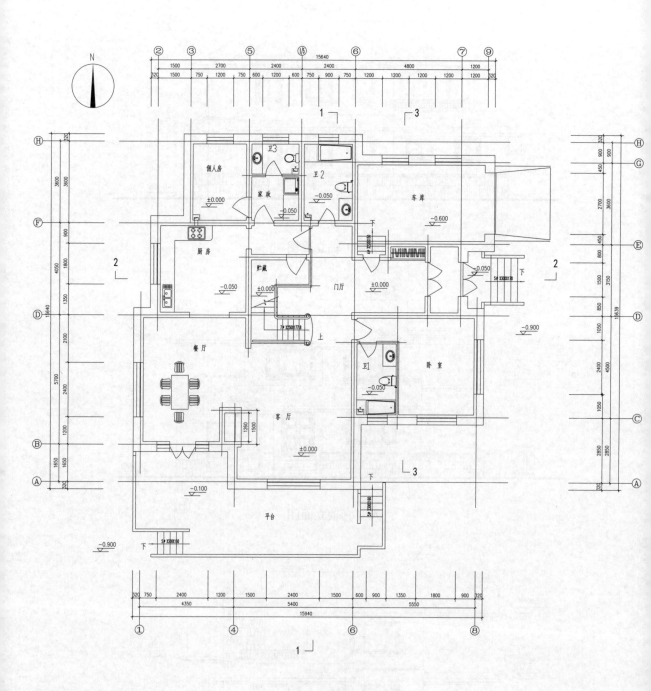

一层平面图

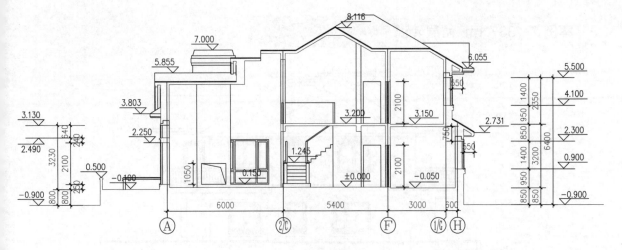

1-1 剖面图

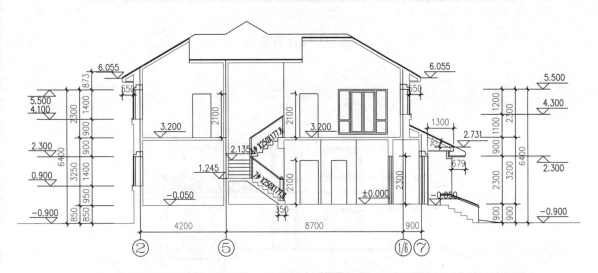

2-2 剖面图

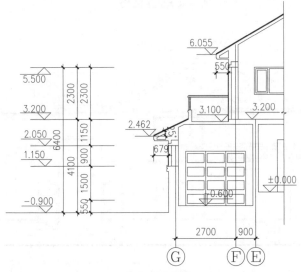

3-3 剖面图

案例 7　337.1m² 两层砖混

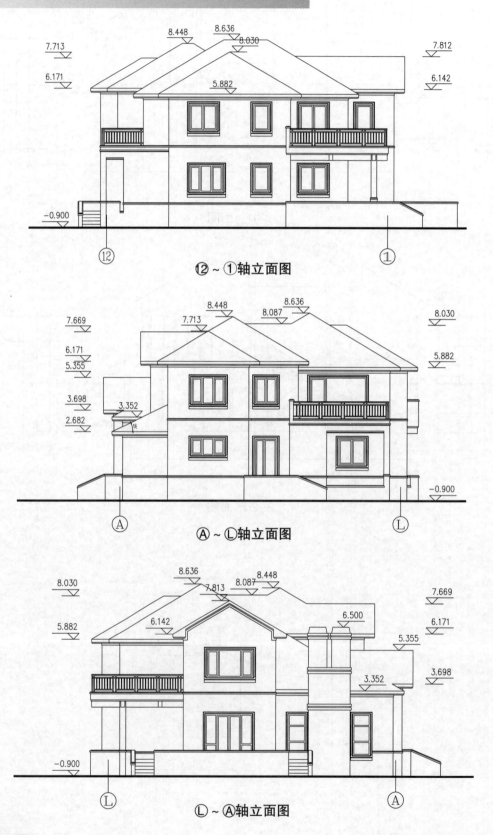

⑫～①轴立面图

Ⓐ～Ⓛ轴立面图

Ⓛ～Ⓐ轴立面图

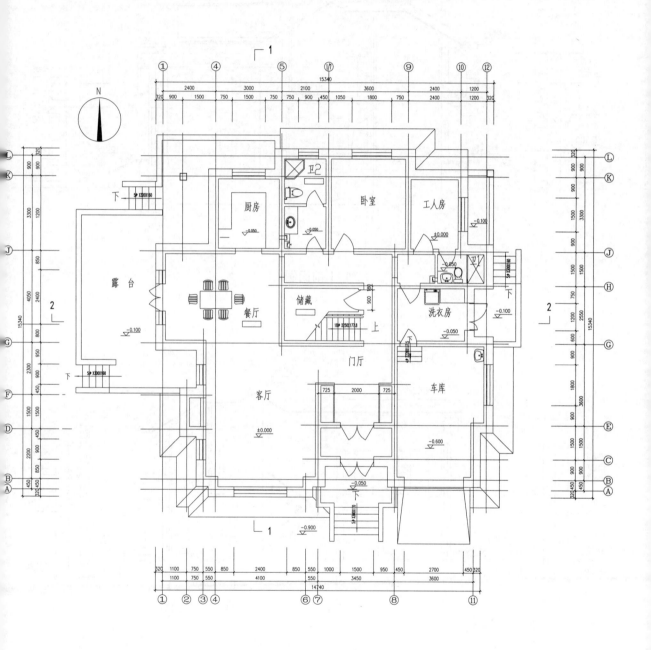

一层平面图

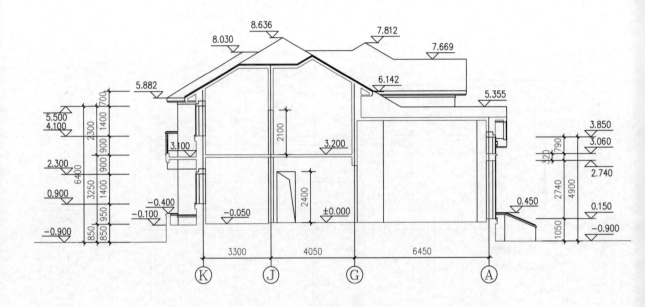

1-1 剖面图

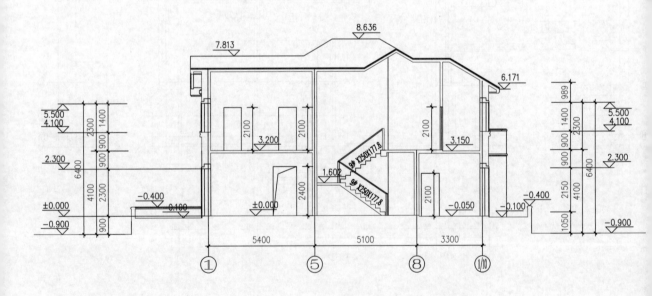

2-2 剖面图

案例 8　338.0m² 两层砖混

西立面图

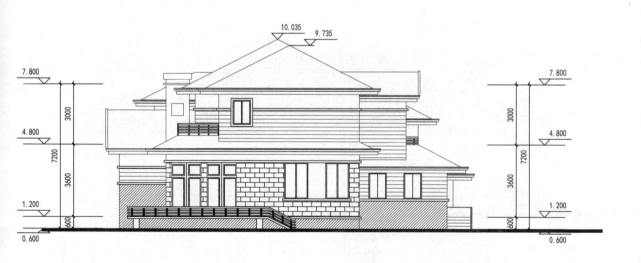

东立面图

案例 9　372.4m² 两层砖混

东立面图

北立面图

西立面图

案例10 386.3m² 两层砖混

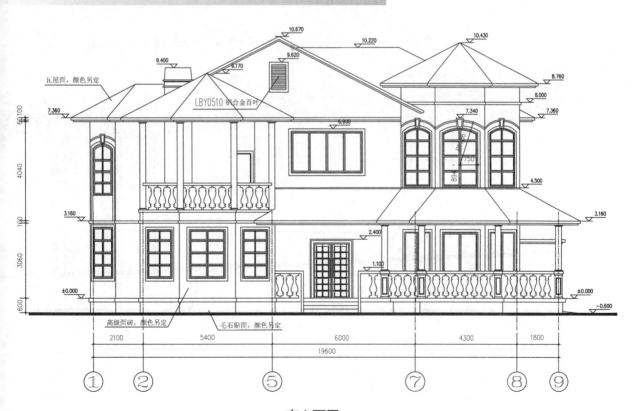

瓦屋面，颜色另定

LBY0510 铝合金百叶

高级面砖，颜色另定   毛石贴面，颜色另定

南立面图

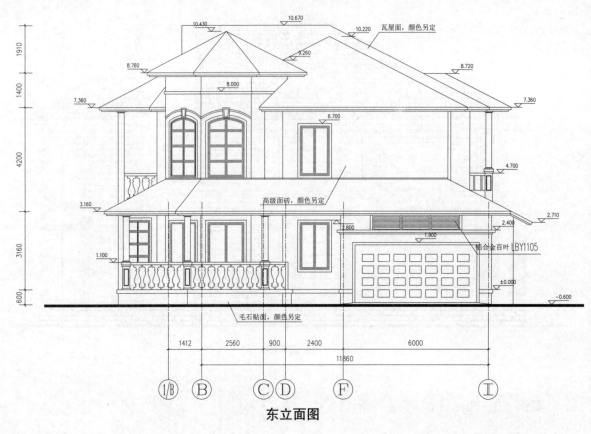

东立面图

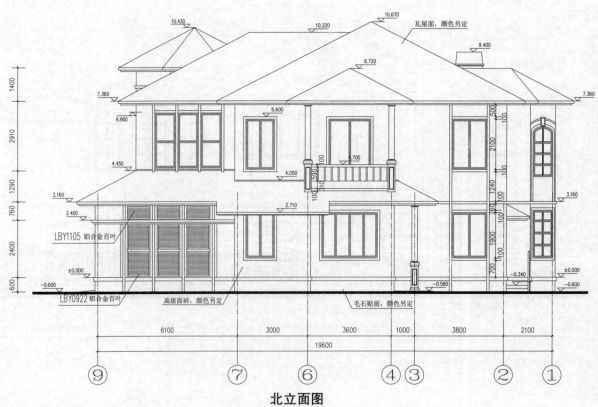

北立面图

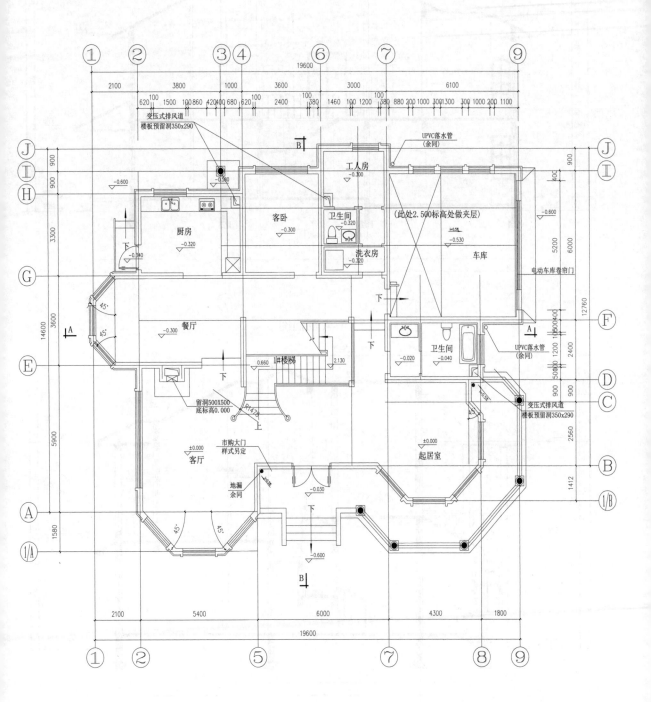

一层平面图

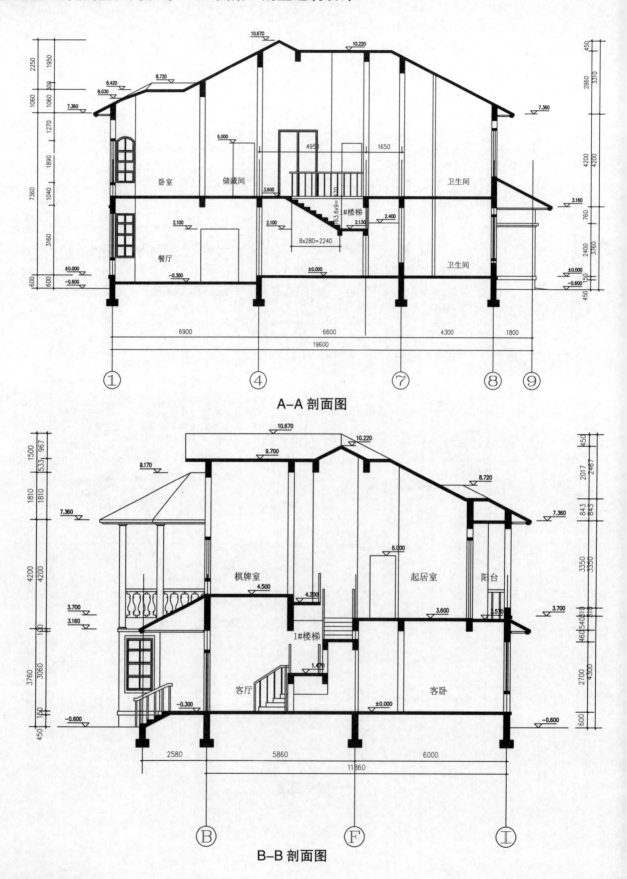

A–A 剖面图

B–B 剖面图

第三章
英式风格

　　英式别墅主要特点是有着繁琐的造型。英国人追求的是富有强烈艺术感的建筑物，其建筑风格有很浓的教堂气息，给人一种庄重、神秘、严肃之感。

　　英式别墅强调门廊的装饰性，比较讲究"门面"，其建筑墙体为混凝土砌块，线条简洁，色彩凝重。坡屋顶、老虎窗、女儿墙、阳光室等，充分诠释着英式建筑特有的庄重、古朴。

案例 1　251.3m² 两层砖混

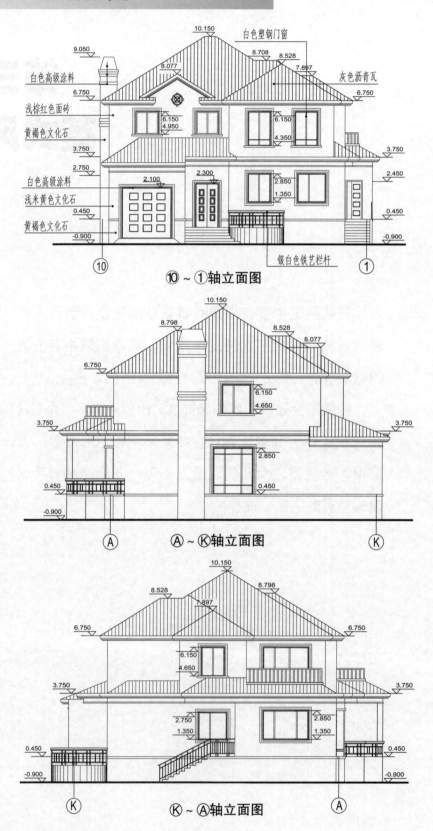

白色塑钢门窗

白色高级涂料

浅棕红色面砖

黄褐色文化石

灰色沥青瓦

白色高级涂料

浅米黄色文化石

黄褐色文化石

银白色铁艺栏杆

⑩ ~ ①轴立面图

Ⓐ ~ Ⓚ轴立面图

Ⓚ ~ Ⓐ轴立面图

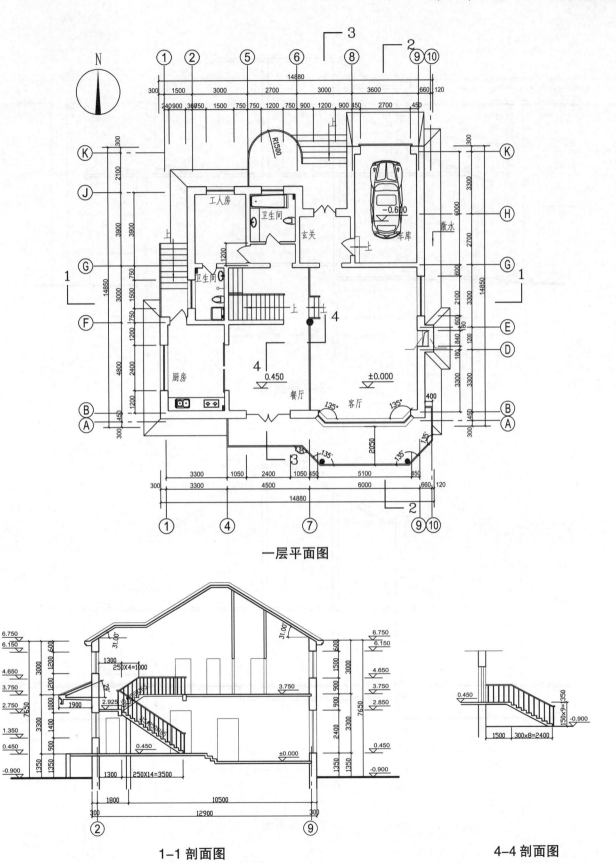

一层平面图

1—1 剖面图

4—4 剖面图

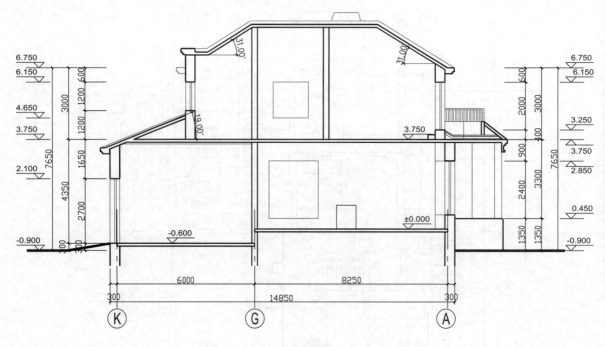

2-2 剖面图

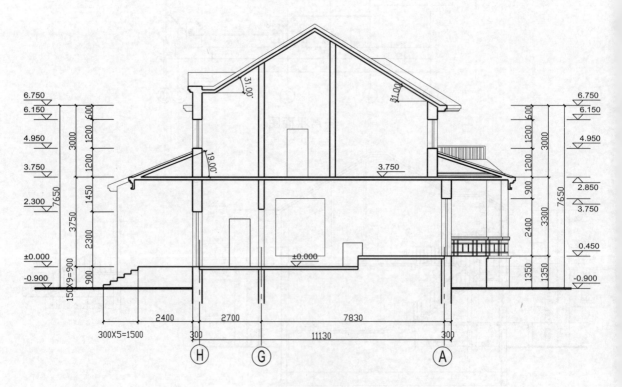

3-3 剖面图

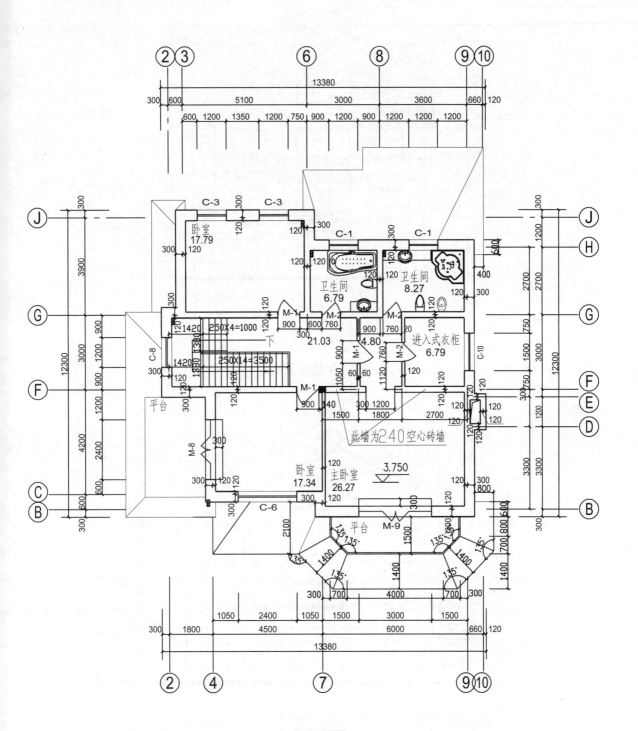

二层平面图

案例 2　330.7m² 三层框架

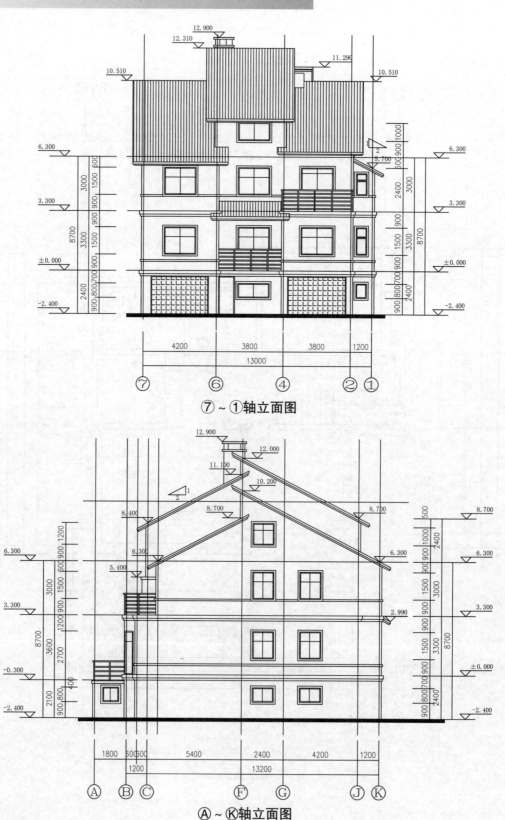

⑦～①轴立面图

Ⓐ～Ⓚ轴立面图

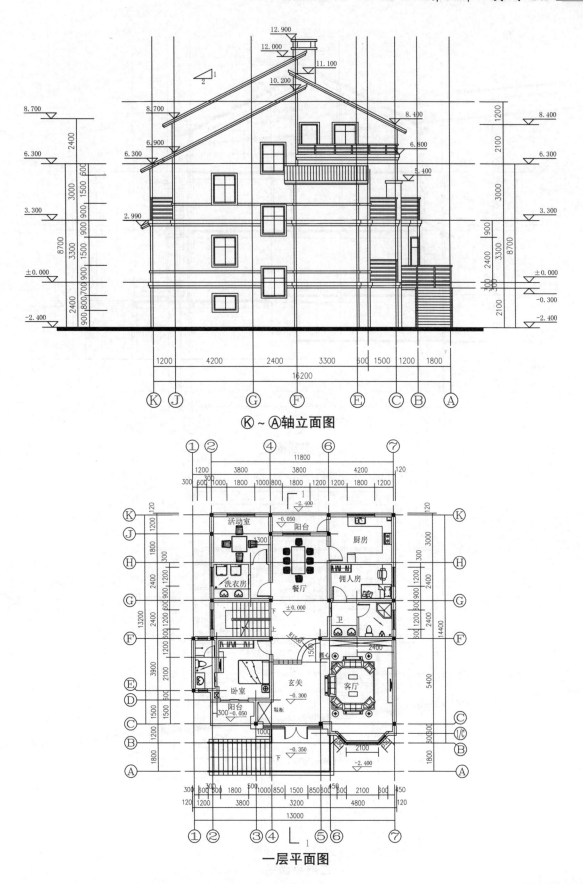

Ⓚ～Ⓐ轴立面图

一层平面图

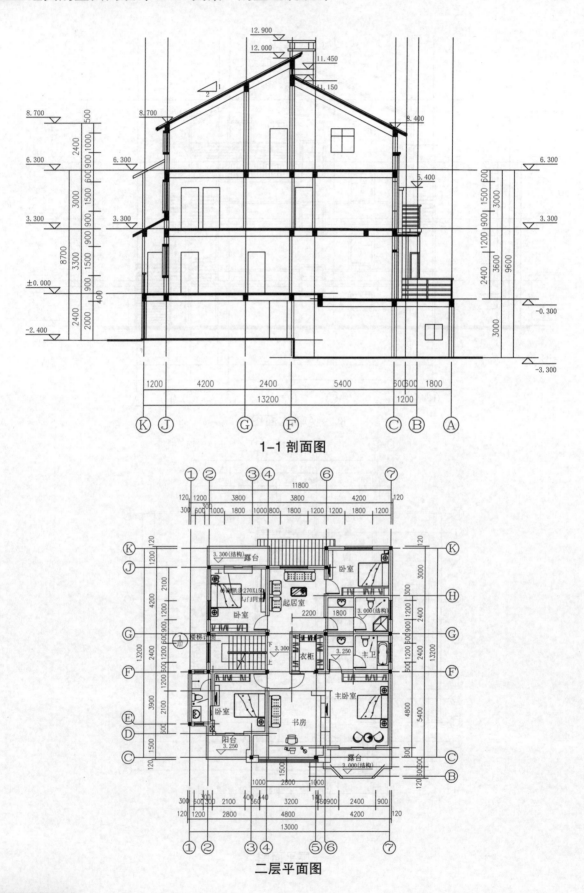

1-1 剖面图

二层平面图

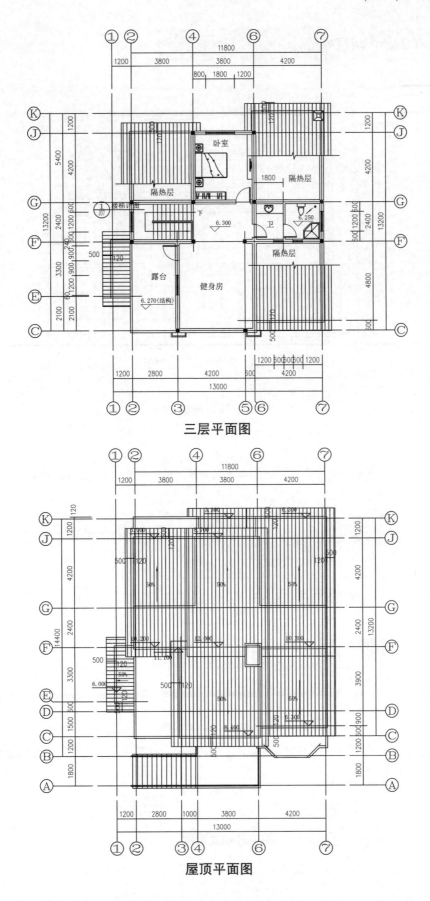

三层平面图

屋顶平面图

案例3 403.2m² 两层砖混

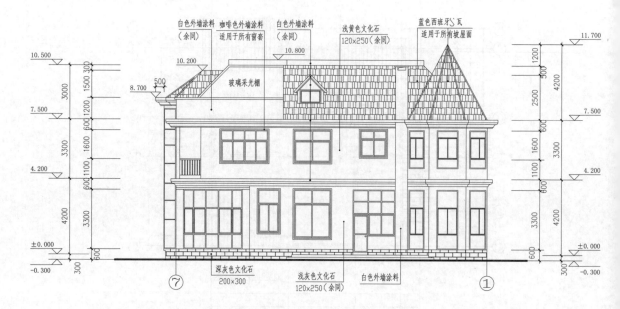

⑦～①轴立面图

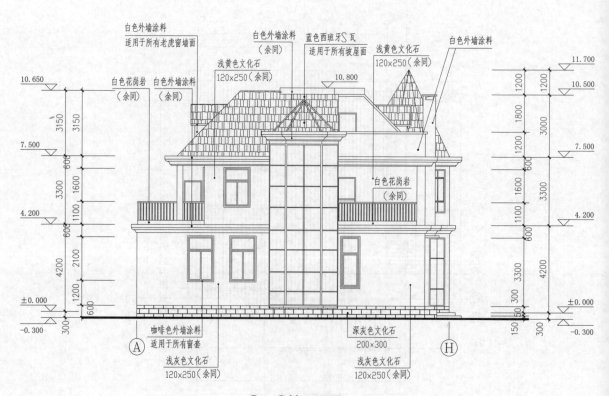

Ⓐ～Ⓗ轴立面图

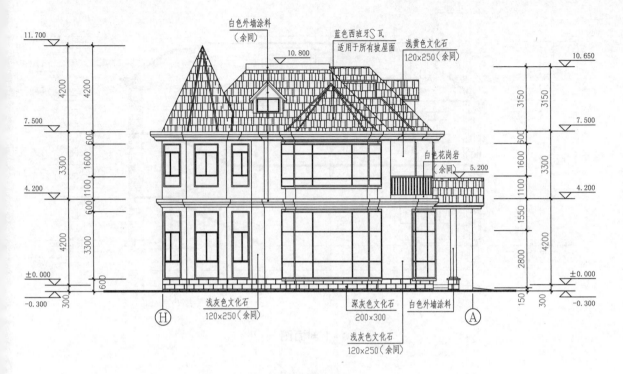

白色外墙涂料
（余同）

10.800

蓝色西班牙S瓦
适用于所有坡屋面

浅黄色文化石
120×250（余同）

白色花岗岩
（余同）

5.200

浅灰色文化石
120×250（余同）

深灰色文化石
200×300

白色外墙涂料

浅灰色文化石
120×250（余同）

Ⓗ～Ⓐ轴立面图

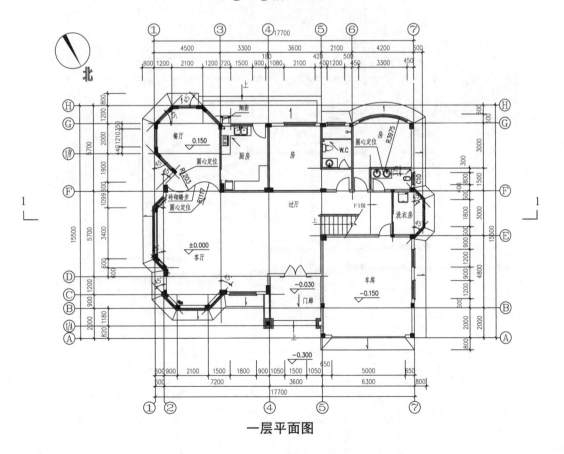

一层平面图

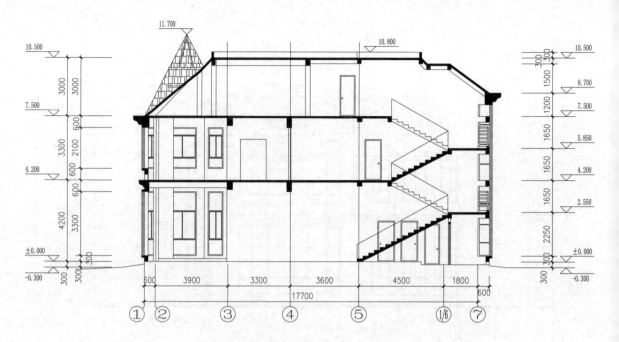

1-1 剖面图

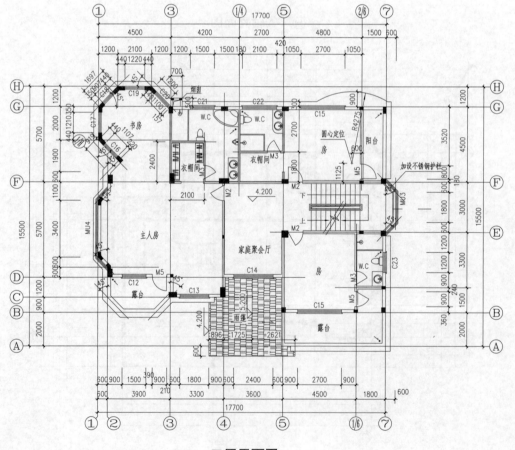

二层平面图

案例 4 412.2m² 三层框架

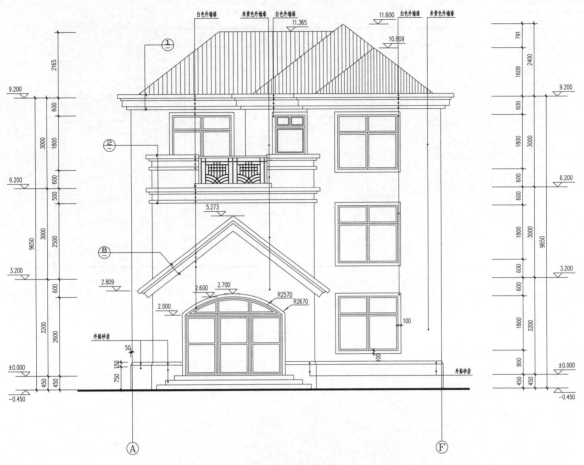

Ⓐ~Ⓕ轴立面图

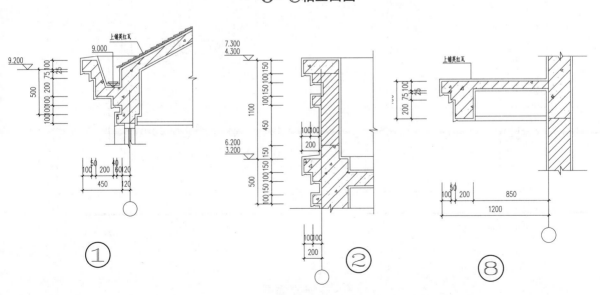

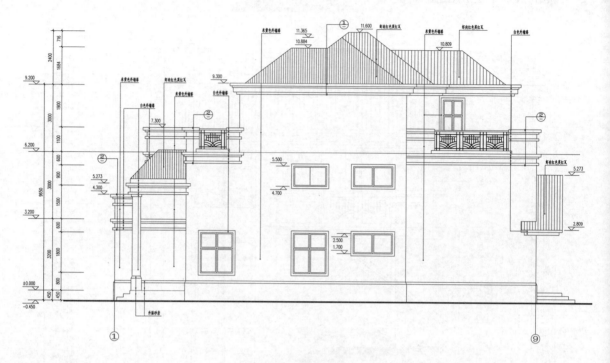

① ~ ⑨轴立面图

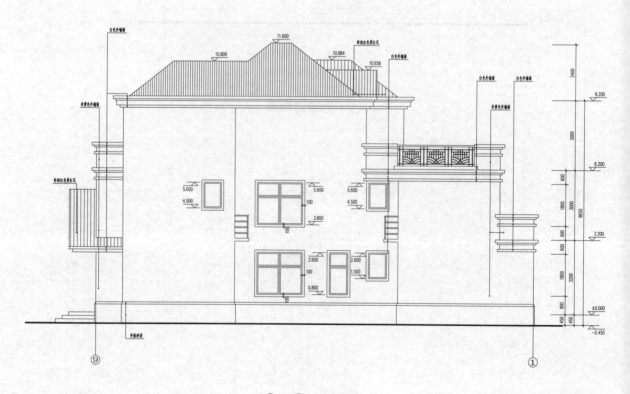

⑨ ~ ①轴立面图

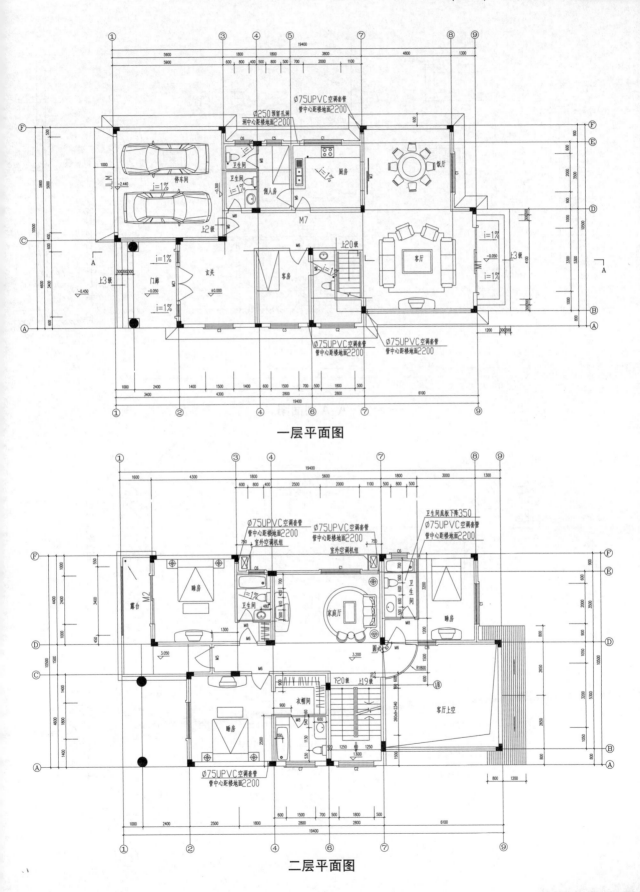

一层平面图

二层平面图

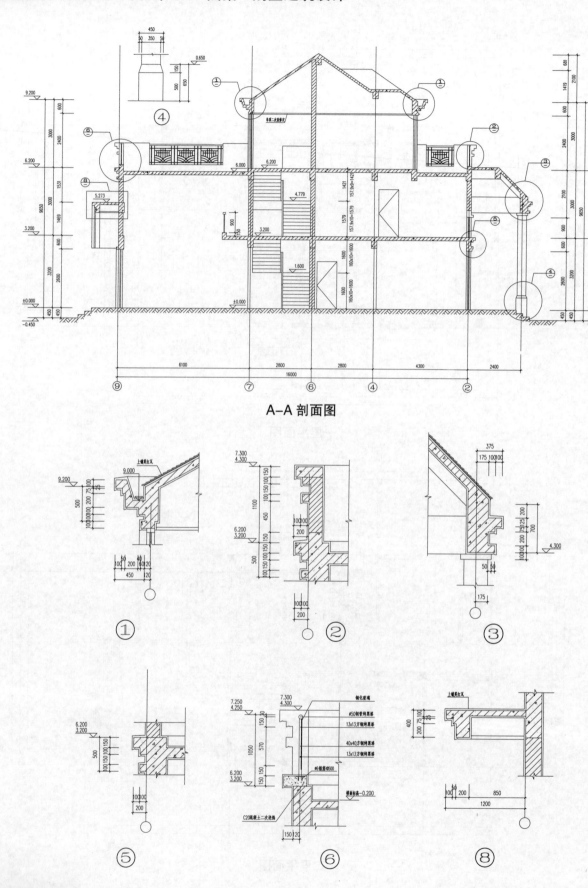

A-A 剖面图

①　②　③

⑤　⑥　⑧

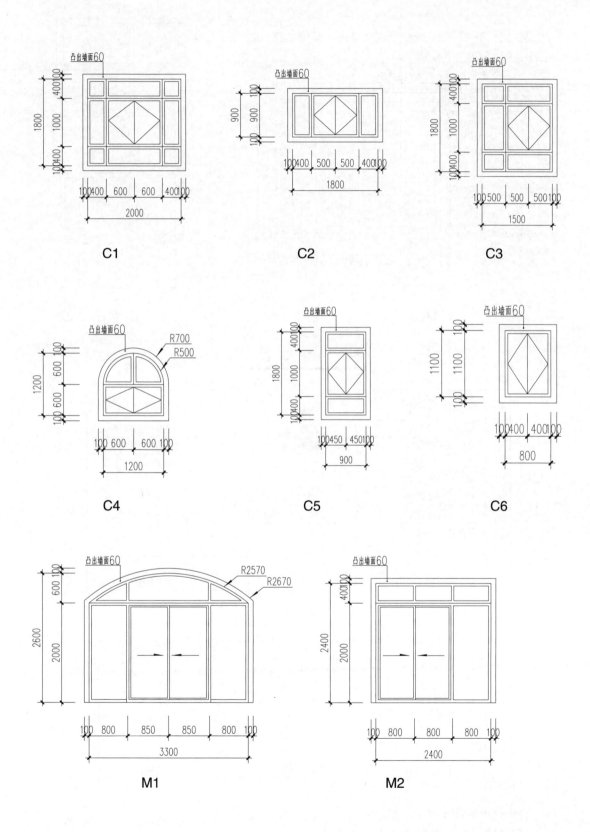

C1

C2

C3

C4

C5

C6

M1

M2

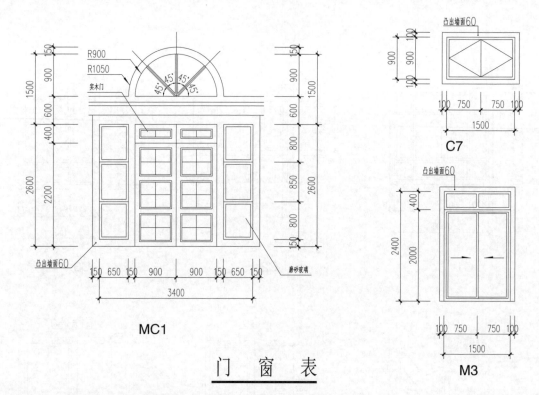

MC1

C7

M3

门 窗 表

类别	编号	洞口尺寸 宽×高	门窗数量 合计	选用标准图集 图集号	选用标准图集 型号	窗台高度	备 注
门	M1	3200x2500	1	建施-09			白色塑钢框绿玻推拉门
	M2	2400x2400	2	建施-09			白色塑钢框绿玻推拉门
	M3	1500x2400	1	建施-09			白色塑钢框绿玻推拉门
	M5	1000x2400	2				钢门
	M6	900x2100	8	98ZJ681	GJM302-b		实木门
	M7	800x2100	1	98ZJ681	GJM302-b		实木门
	M8	700x2100	7				实木门
	MC1	3400X4050	1	建施-09			白色塑钢框绿玻推拉门
	JLM	5000X2500	1	甲方自定			
窗	C1	2000x1800	6	建施-09		800(500)	白色塑钢框绿玻平开窗
	C2	1800x900	2	建施-09		1700(1500)	白色塑钢框绿玻平开窗
	C3	1500x1800	2	建施-09		800	白色塑钢框绿玻平开窗
	C4	1200x1200	1	建施-09		1200	白色塑钢框绿玻平开窗
	C5	800x1800	1	建施-09		800	白色塑钢框绿玻平开窗
	C6	800x1100	3	建施-09		1500(1300)	白色塑钢框绿玻平开窗
	C7	1500x900	1	建施-09		1500	白色塑钢框绿玻平开窗
	C8	900x1800	2	建施-09		800	白色塑钢框绿玻平开窗

注：

1、钢化玻璃为12厚，窗为6厚，推拉门为8厚，壁厚为1.4。

2、平开窗采用50系列，推拉门采用90系列。

案例 5 412.7m² 三层框架

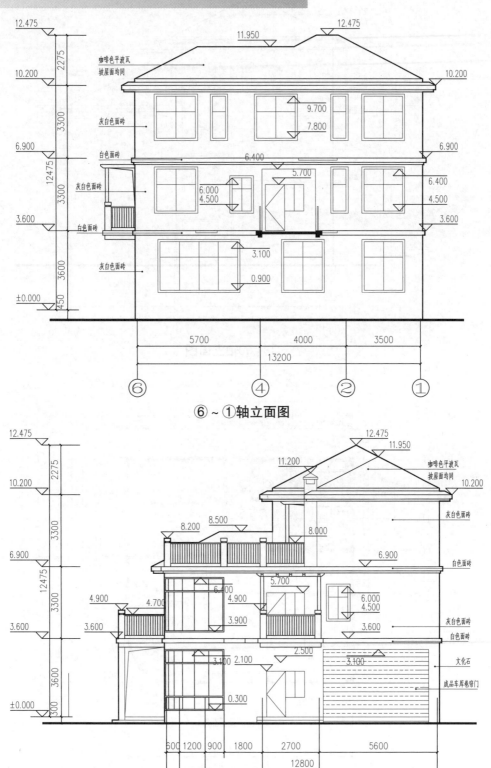

咖啡色平波瓦
披屋面均同

灰白色面砖

白色面砖

灰白色面砖

白色面砖

灰白色面砖

⑥~①轴立面图

咖啡色平波瓦
披屋面均同

灰白色面砖

白色面砖

灰白色面砖

白色面砖

文化石

成品车库卷帘门

Ⓐ~Ⓙ轴立面图

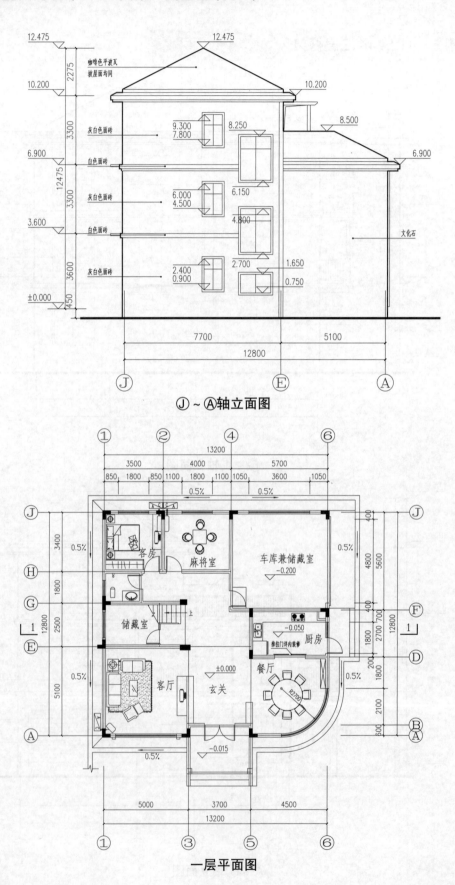

Ⓙ~Ⓐ轴立面图

一层平面图

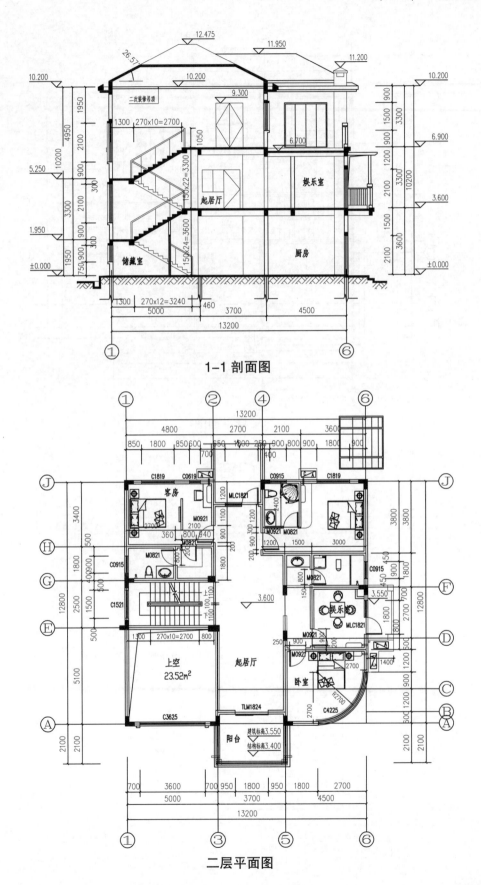

1-1 剖面图

二层平面图

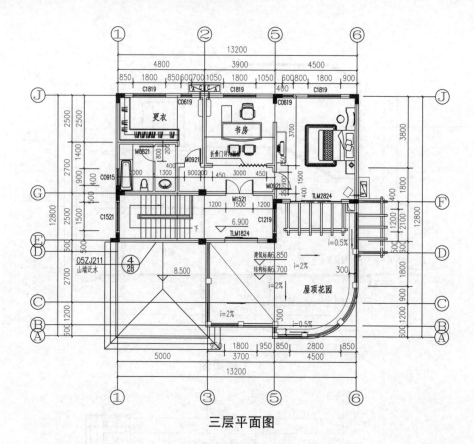

三层平面图

门窗表

类　别	设计编号	洞口尺寸(mm)		数量	类　型	备　注
		宽 (B)	高 (H)			
门	JLM1	4800	3100	1	电动卷闸门	专业厂家定制安装
	M1824	1800	2400	1	高档木门	专业厂家定制安装
	MLC1821	1800	2100	2	铝合金单开门	白色铝合金单框普通中空玻璃门（5+6+5，白璃）
	TLM1824	1800	2400	2	铝合金推拉门	
	M0921	900	2100	9	木门	用户自理
	M0821	800	2100	7		
	M1521	1500	2100	1		
窗	C1822	1800	2200	2	铝合金推拉窗	白色铝合金单框普通中空玻璃窗（5+6+5，白璃）
	C3622	3600	2200	1	铝合金推拉窗	
	C0915	900	1500	5	铝合金推拉窗	
	C1506	1500	600	1	铝合金平开窗	
	C3628	3600	2800	2	铝合金平开窗	
	C4228	4241	2800	1	铝合金平开窗	
	C1819	1800	1900	5	铝合金推拉窗	
	C0619	600	1900	4	铝合金平开窗	
	C1521	1500	2100	2	铝合金平开窗	
	C3625	3600	2500	1	铝合金固定窗	
	C4225	4241	2500	1	铝合金平开窗	
	C1219	1200	1900	1	铝合金平开窗	
墙洞	TFK0630	600	300	16	通风洞	水泥花格内衬钢丝网
	TFD0630	600	300	15	通风孔	

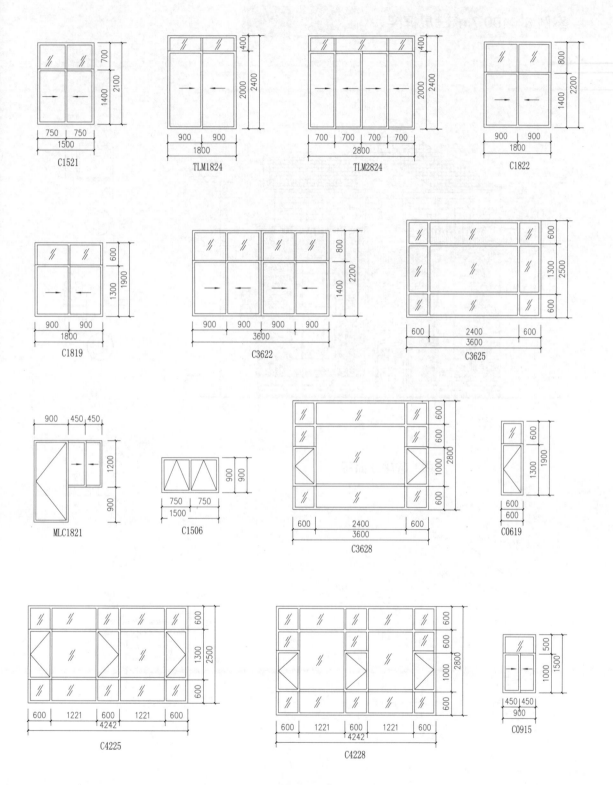

门窗大样图

案例 6　490.7m² 三层框架

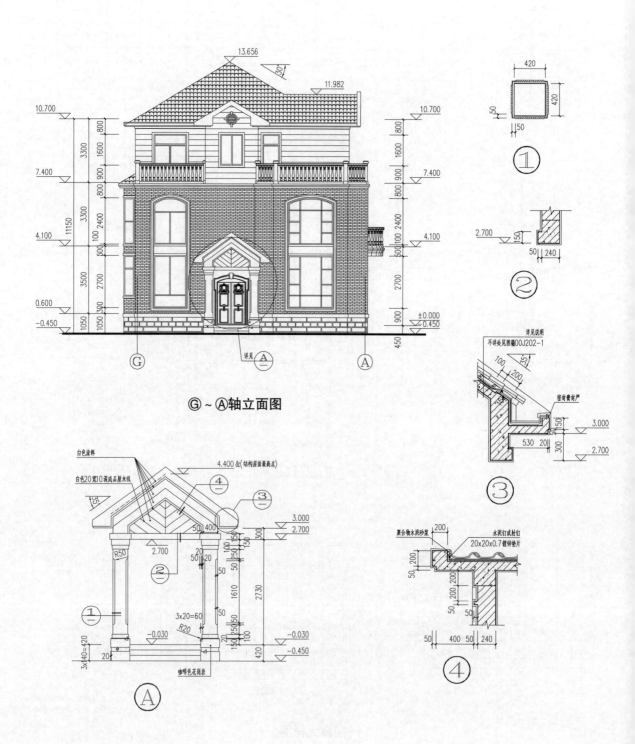

G ~ A轴立面图

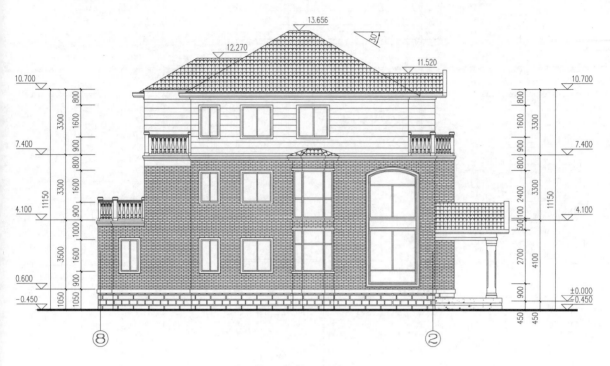

⑧~②轴立面图

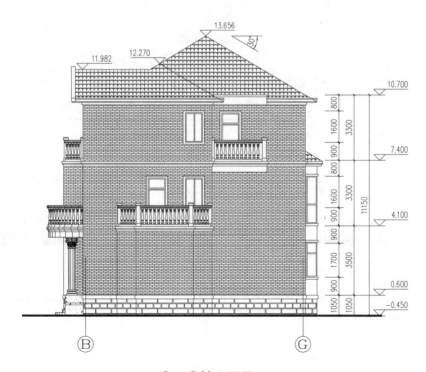

Ⓑ~Ⓖ轴立面图

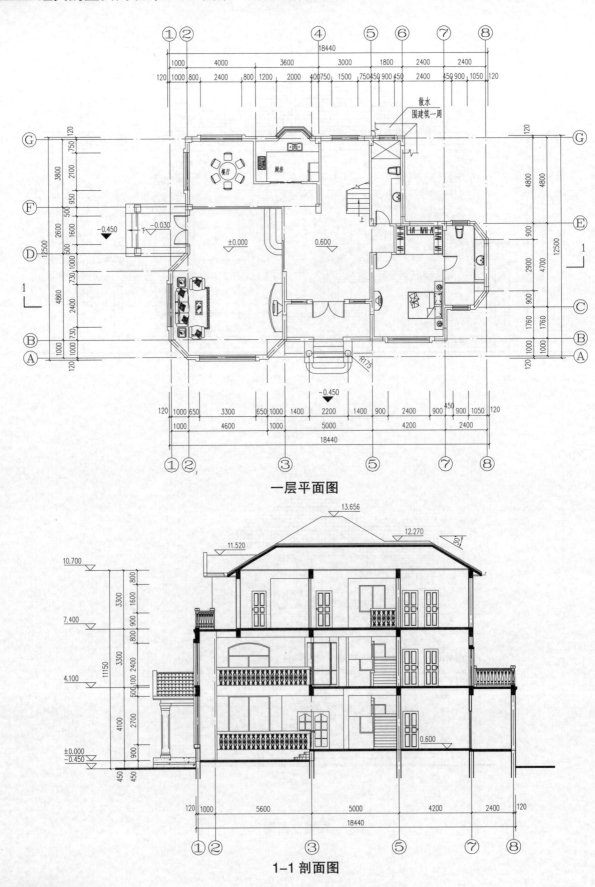

一层平面图

1-1 剖面图

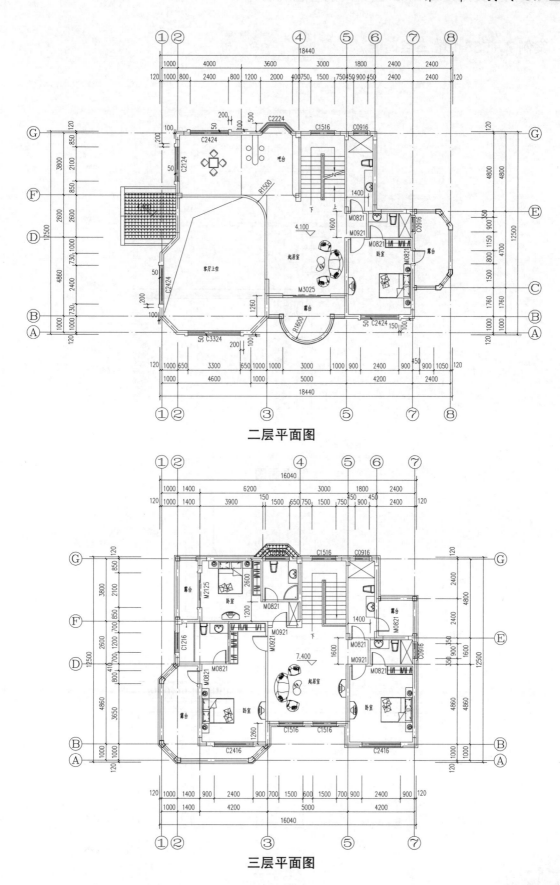

二层平面图

三层平面图

案例 7　558.1m² 三层砖混

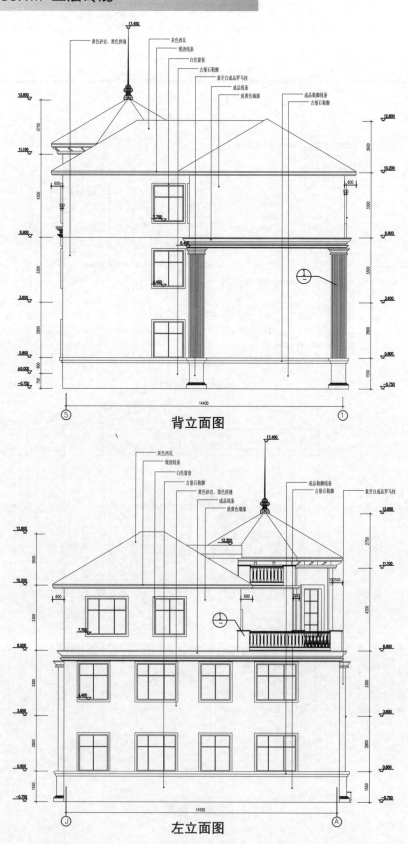

背立面图

左立面图

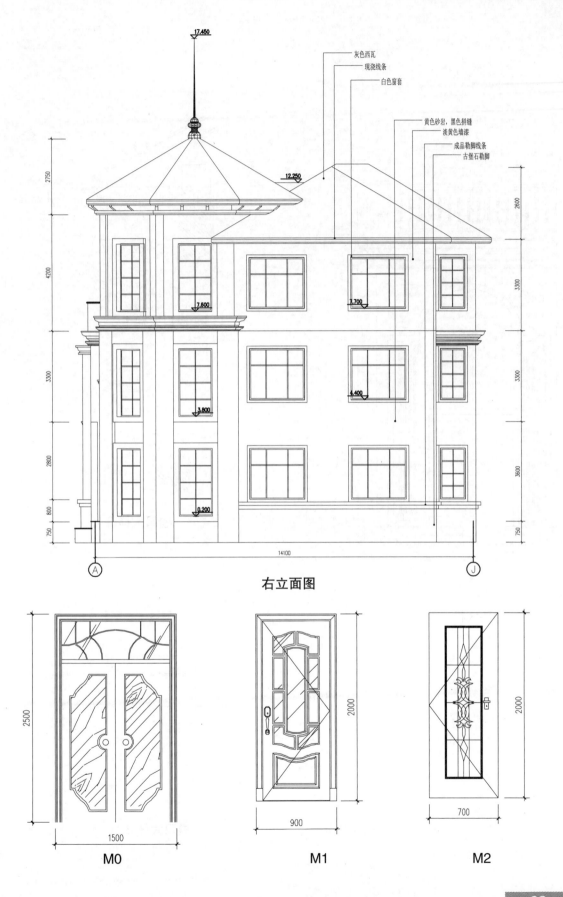

灰色西瓦
现浇线条
白色窗套

黄色砂岩，黑色拼缝
淡黄色墙漆
成品勒脚线条
古堡石勒脚

17.450

12.250

2750

4200

3300

2800

800

750

7.600

3.800

0.200

14100

7.700

6.400

2600

3300

3300

3600

750

A

J

右立面图

2500

1500

M0

2000

900

M1

2000

700

M2

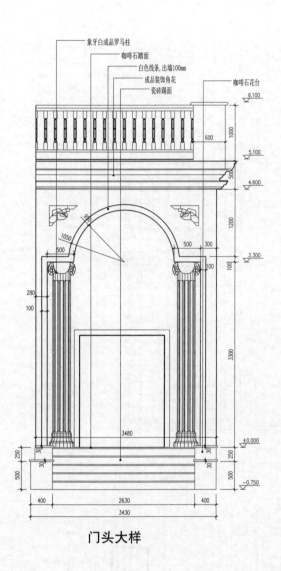

象牙白成品罗马柱
咖啡石踏面
白色线条，出墙100mm
成品装饰角花
瓷砖踢面
咖啡石花台

门头大样

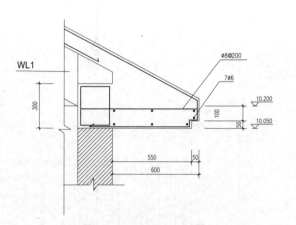

WL1

檐口大样 1

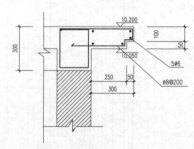

檐口大样 2

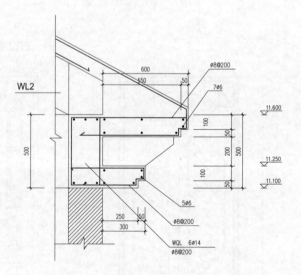

WL2

檐口大样 3

案例8 587.3m² 三层框架

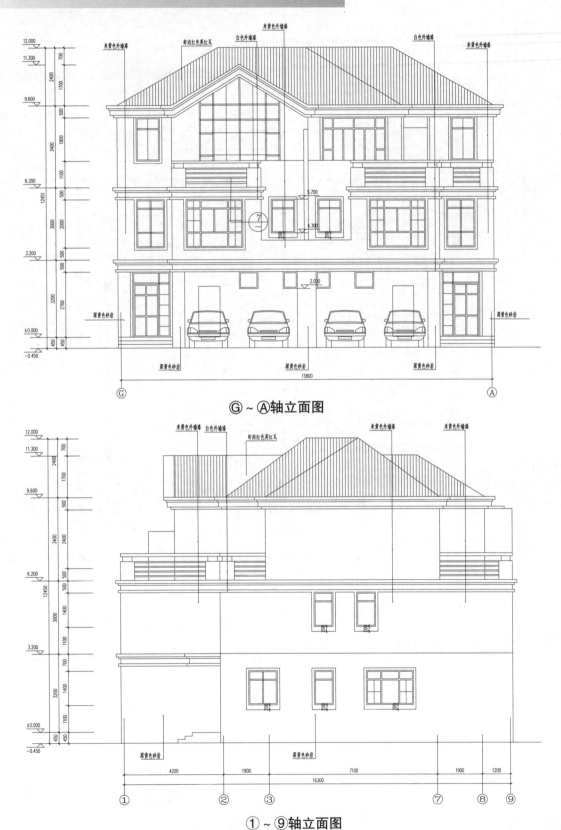

G～A轴立面图

①～⑨轴立面图

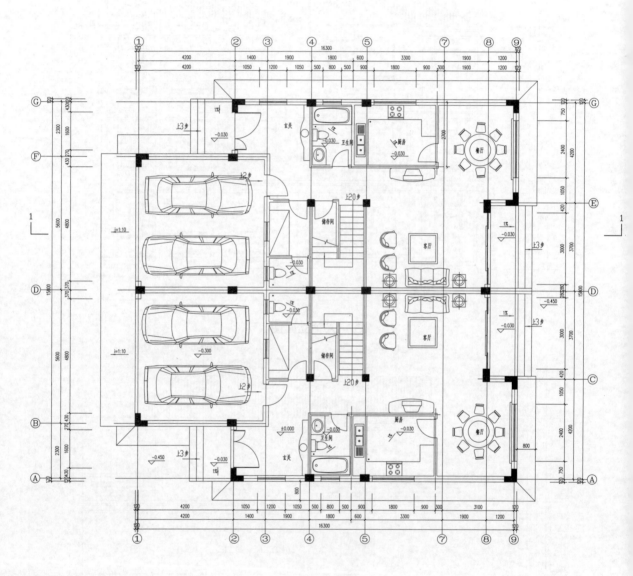

一层平面图

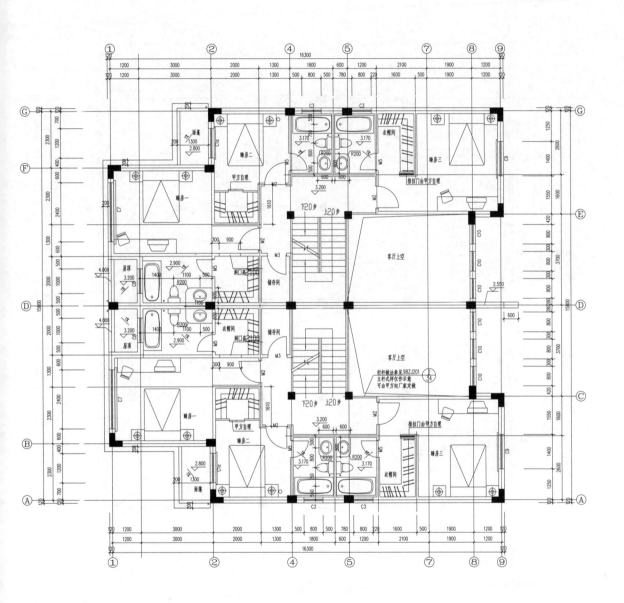

二层平面图

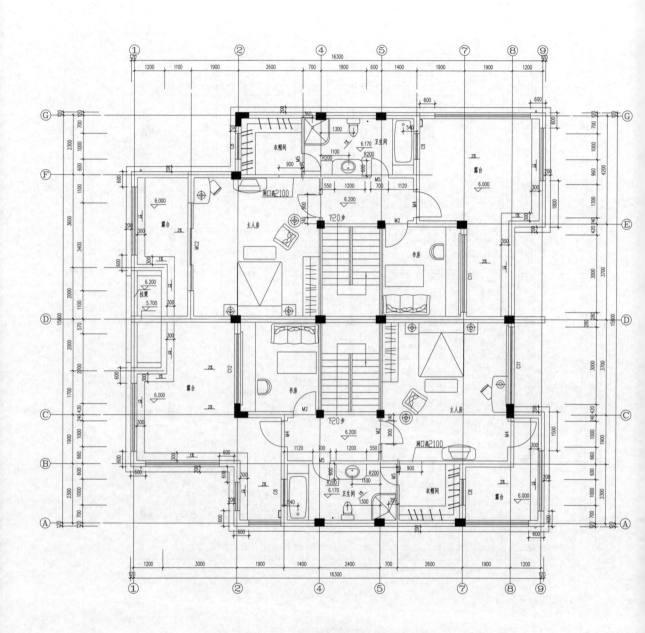

三层平面图

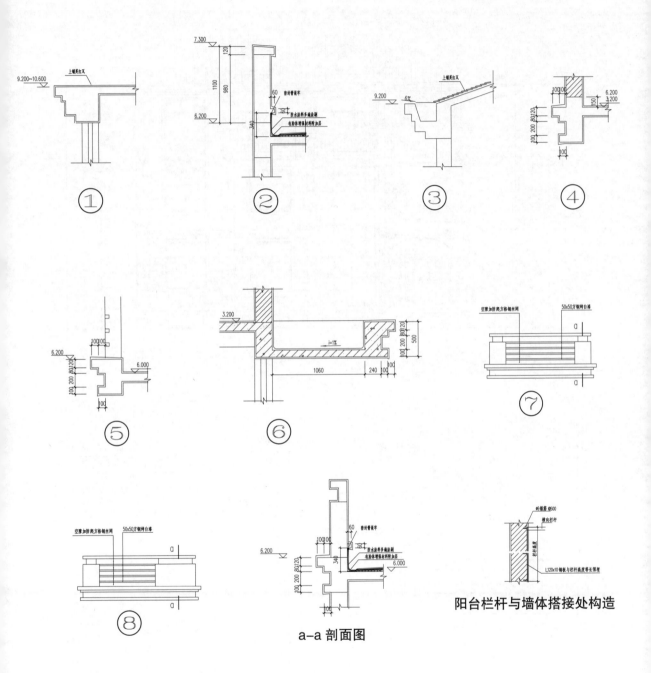

阳台栏杆与墙体搭接处构造

a-a 剖面图

案例 9　612.0m² 三层框架

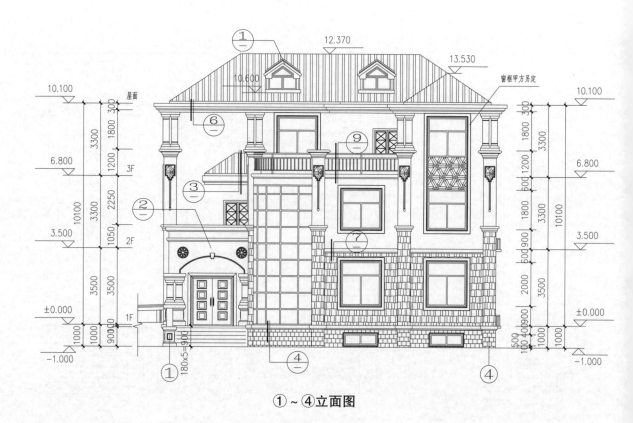

①～④立面图

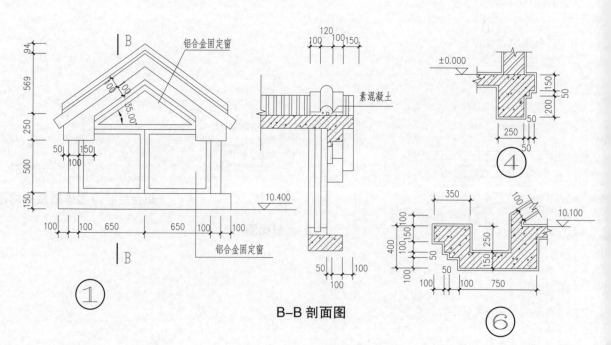

B-B 剖面图

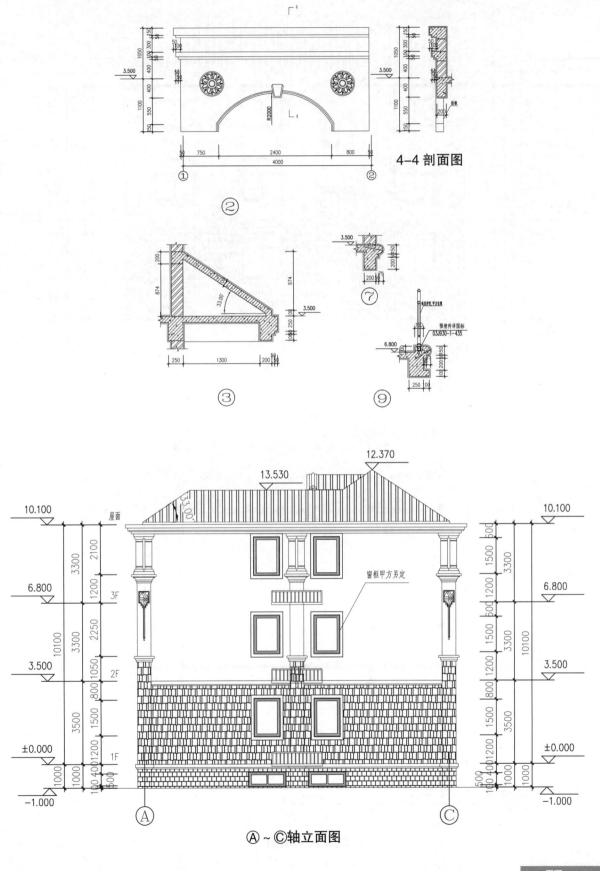

4-4 剖面图

②

③

⑦

⑨

窗框甲方另定

Ⓐ ~ Ⓒ轴立面图

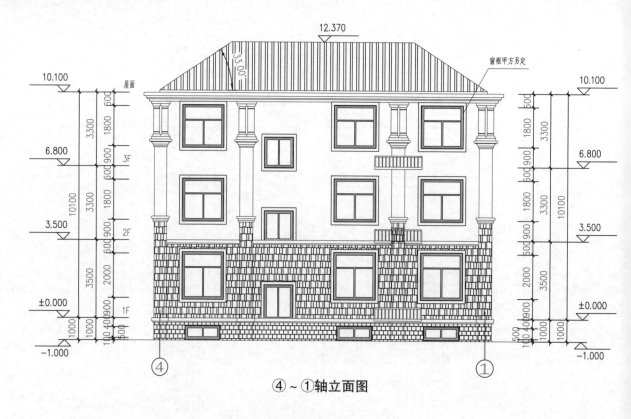

④ ~ ①轴立面图

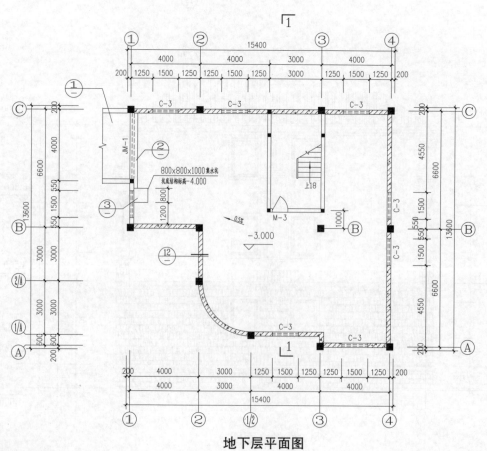

地下层平面图

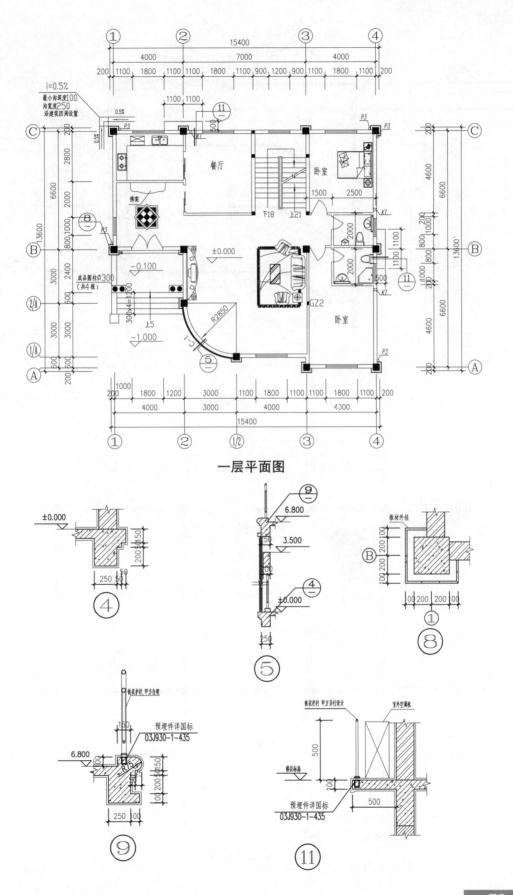

一层平面图

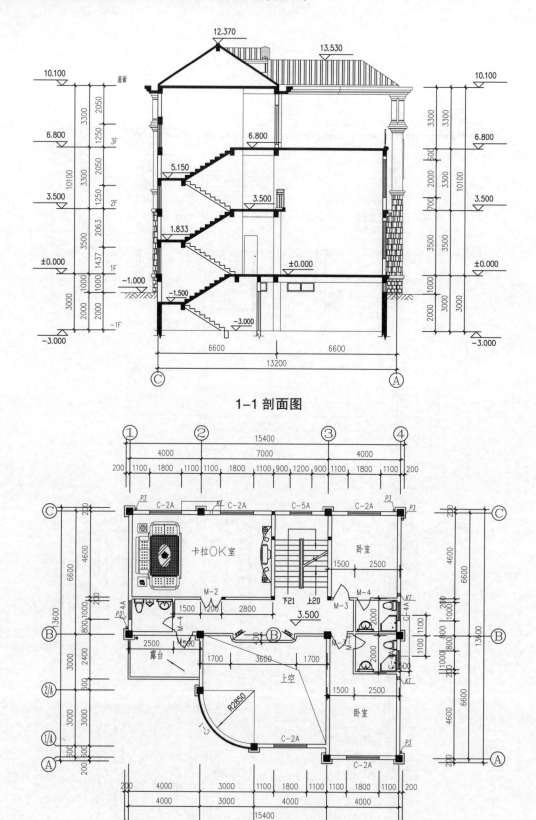

1-1 剖面图

二层平面图

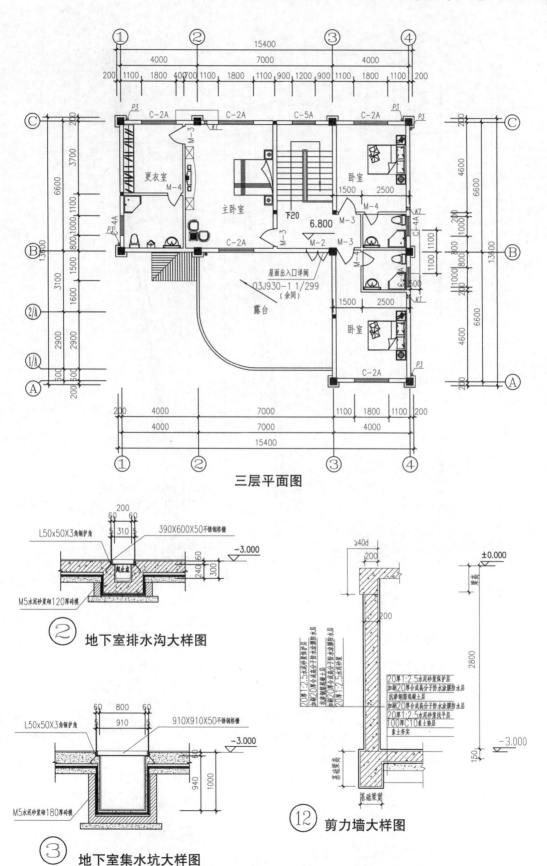

三层平面图

② 地下室排水沟大样图

③ 地下室集水坑大样图

⑫ 剪力墙大样图

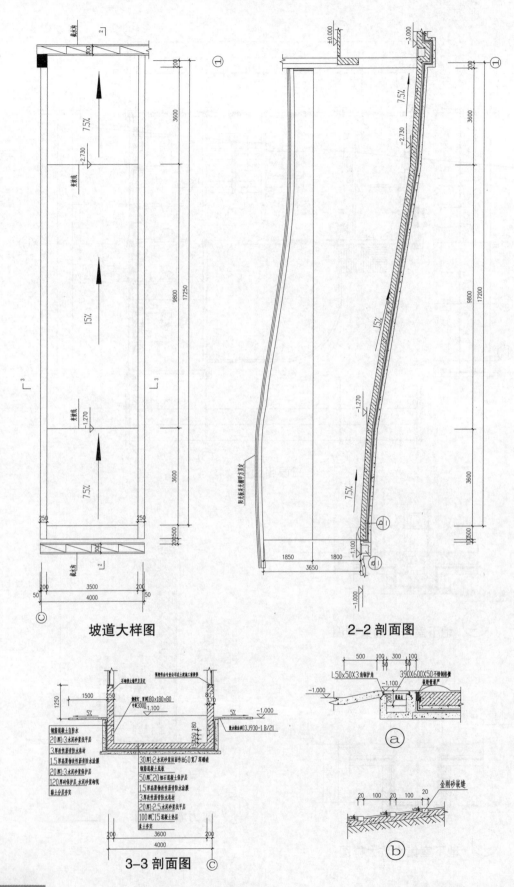

坡道大样图

2-2 剖面图

3-3 剖面图

案例 10　924.7m² 三层框架

14.900

15.800

14.900

12.800

13.15

11.400

12.500

11.400

7.650

8.050

7.650

7.150

3.900

3.900

0.900

±0.000

±0.000

−0.600

−0.600

西立面图

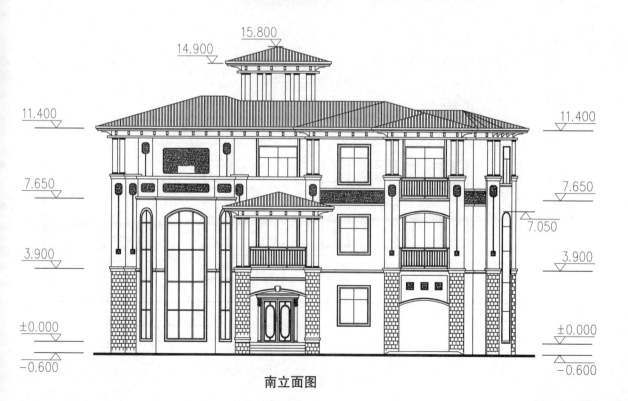

15.800

14.900

11.400

11.400

7.650

7.650

7.050

3.900

3.900

±0.000

±0.000

−0.600

−0.600

南立面图

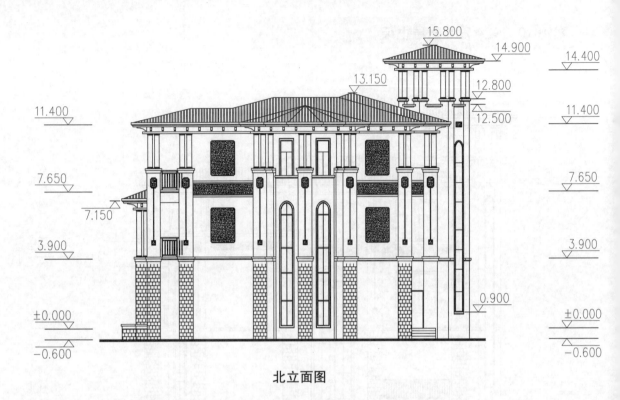

北立面图

案例 11　1065.0m² 三层框架

⑩ ～ ⑩轴立面图

Ⓐ～Ⓔ轴立面图

Ⓔ～Ⓐ轴立面图

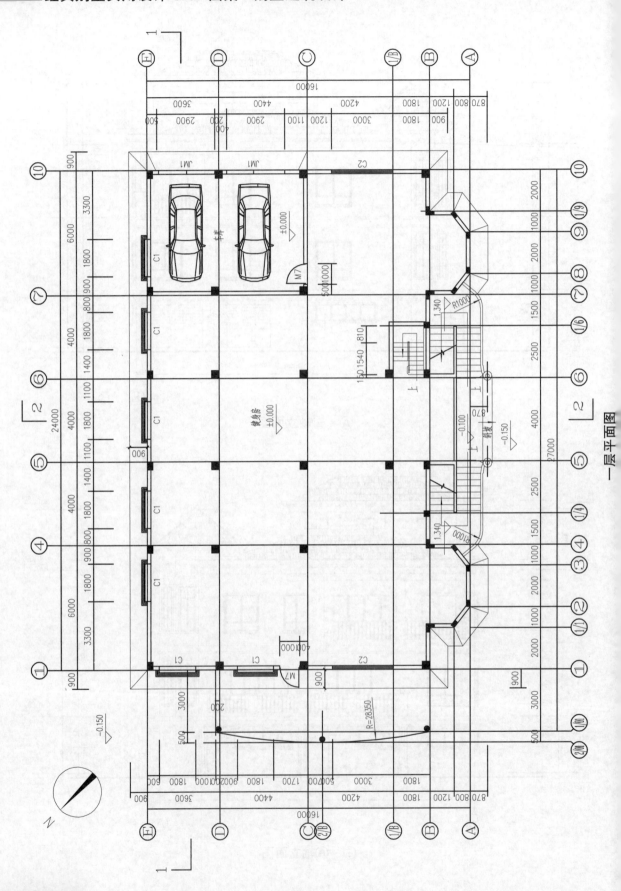

一层平面图

1-1 剖面图

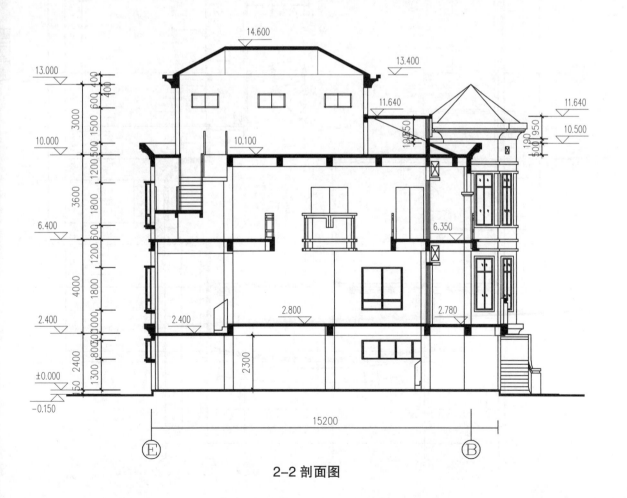

2-2 剖面图

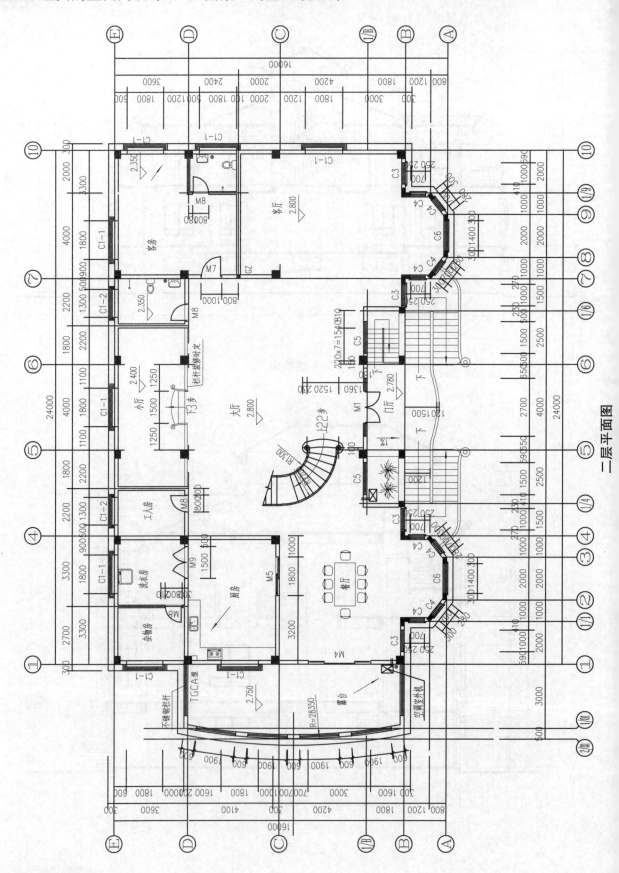

二层平面图

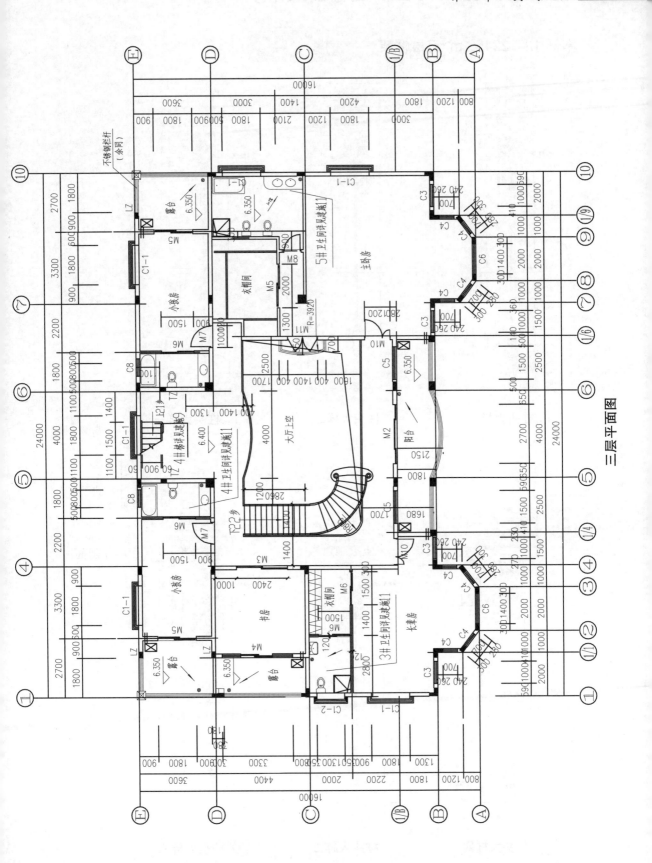

三层平面图

案例 12　2245.1m² 三层框架

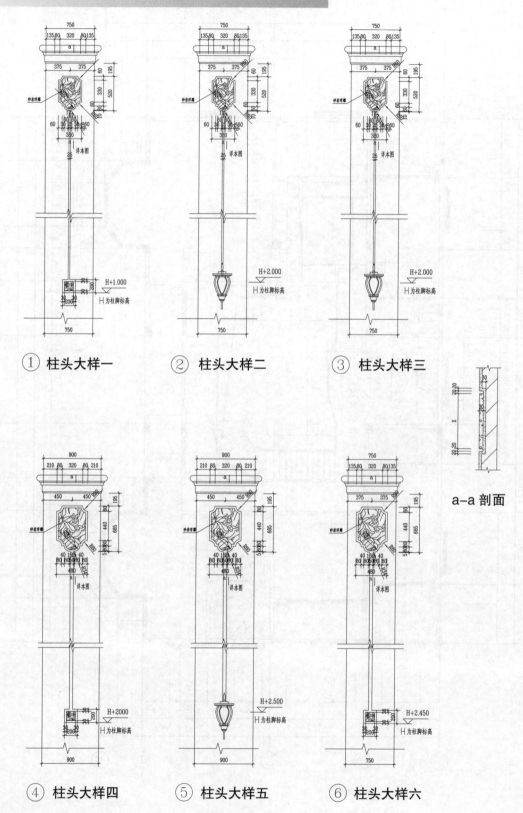

① 柱头大样一　　② 柱头大样二　　③ 柱头大样三

a-a 剖面

④ 柱头大样四　　⑤ 柱头大样五　　⑥ 柱头大样六

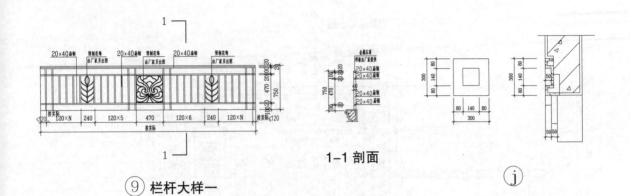

1-1 剖面

⑨ 栏杆大样一

ⓙ

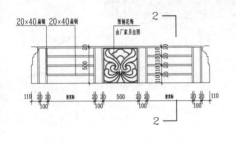

2-2 剖面

⑩ 栏杆大样二

（注：此饰线用于门窗及三层浮雕边框）

ⓜ

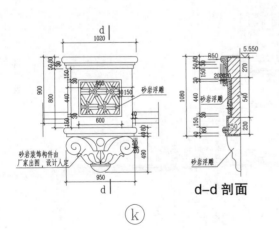

d-d 剖面

ⓚ

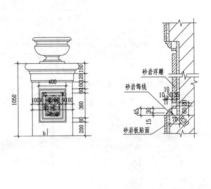

⑦ 花座大样一

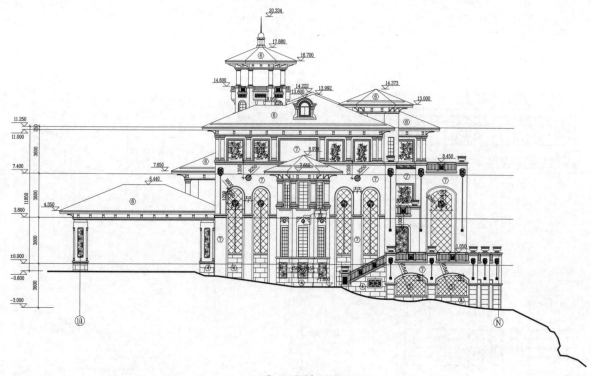

①/A ~ ⑭轴立面图

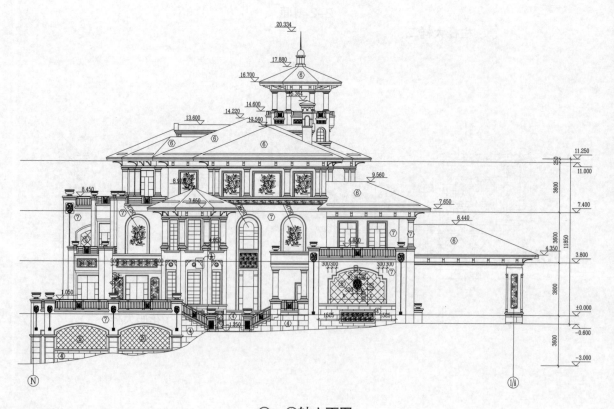

⑭ ~ ①/A轴立面图

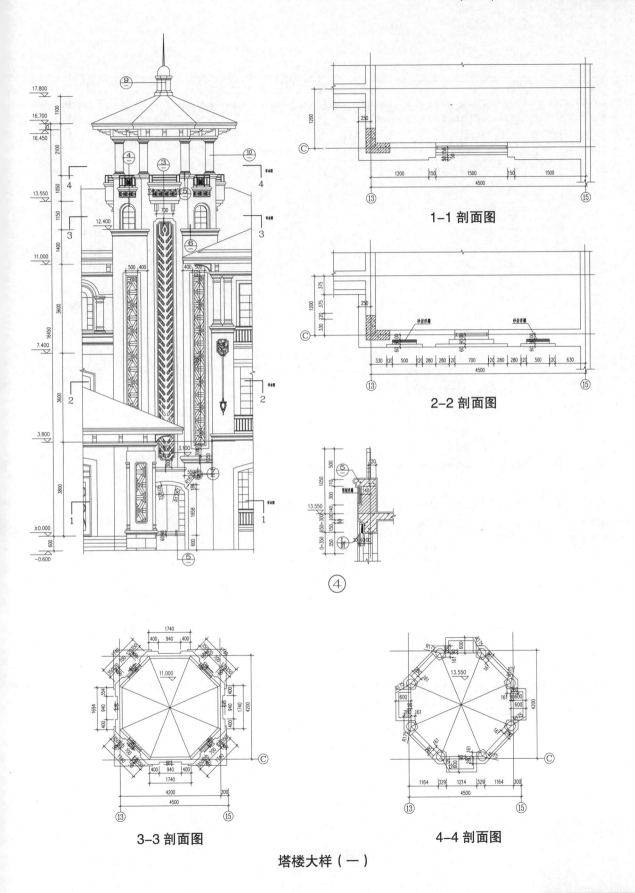

1-1 剖面图

2-2 剖面图

3-3 剖面图

4-4 剖面图

塔楼大样（一）

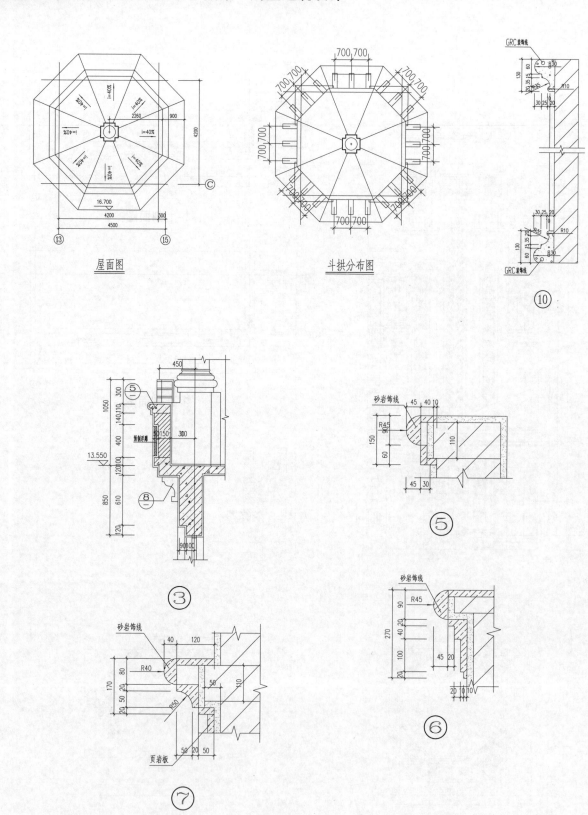

屋面图

斗拱分布图

塔楼大样（二）

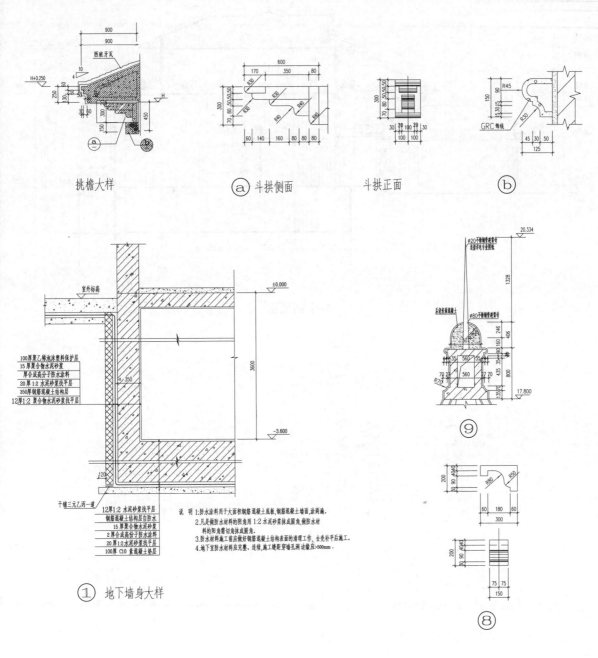

挑檐大样

ⓐ 斗拱侧面

斗拱正面

ⓑ

① 地下墙身大样

100厚聚乙稀泡沫塑料保护层
15 厚聚合物水泥砂浆
厚合成高分子防水涂料
20 厚1:2 水泥砂浆找平层
350厚钢筋混凝土结构层
12厚1:2 聚合物水泥砂浆找平层

干铺三元乙丙一道
12厚1:2 水泥砂浆找平层
钢筋混凝土结构层自防水
2 厚合成高分子防水涂料
20 厚1:2 水泥砂浆找平层
100厚 C10 素混凝土垫层

说 明 1:防水涂料用于大面积钢筋混凝土底板,钢筋混凝土墙面,涂两遍.
2.凡是做防水材料的阴角用 1:2 水泥砂浆抹成圆角,做防水材
料的阳角需切角抹成圆角.
3.防水材料施工前应做好钢筋混凝土结构表面的清理工作,去壳补平后施工.
4.地下室防水材料应完整,连续,施工缝距穿墙孔边缘应>500mm.

⑨

⑧

塔楼大样（三）

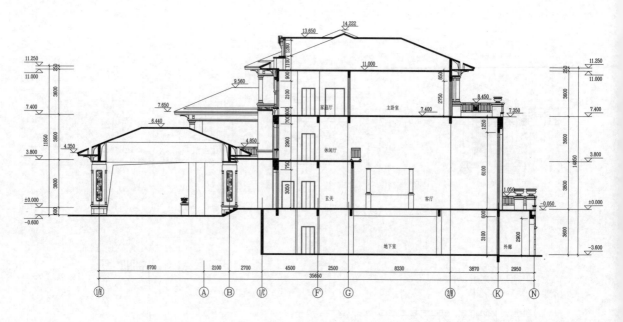

1–1 剖面图

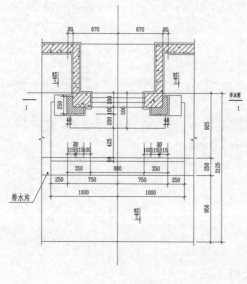

老虎窗平面图

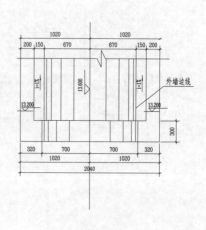

老虎窗屋面图

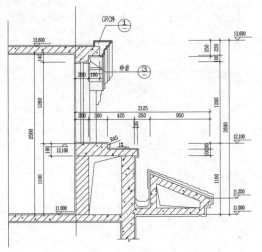

2-2 剖面图

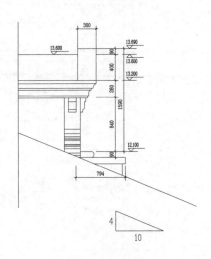

老虎窗侧面图

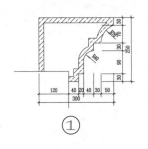

①

饰线大样

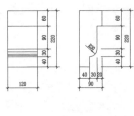

②

花托大样

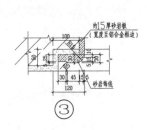

③

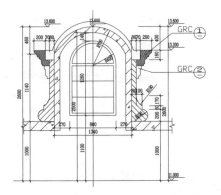

1-1 剖面图

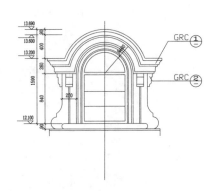

老虎窗立面图

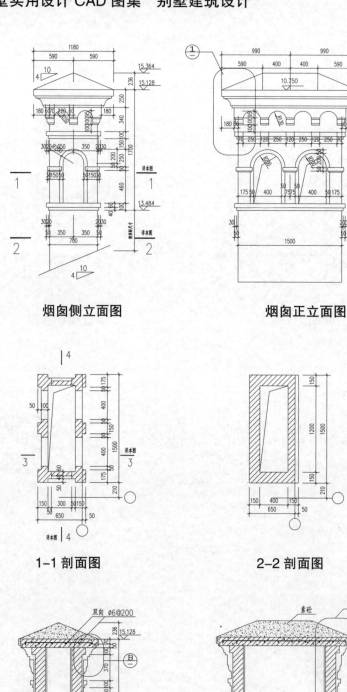

烟囱侧立面图　　　　　　　烟囱正立面图

1-1 剖面图　　　　　　　　2-2 剖面图

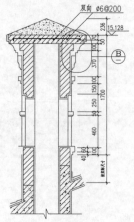
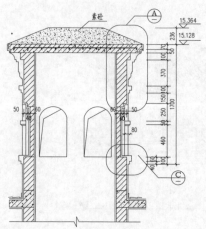

3-3 剖面图　　　　4-4 剖面图

烟囱大样图

第四章
西班牙风格

　　西班牙风格是一种融阿拉伯风格与欧洲古典主义风格为一体的建筑形态，是地中海风格的一种。屋顶多为红色筒瓦；墙体厚重，多为白色、米色；屋檐朝两侧平缓外伸，户内有庭院；门廊和窗多呈拱形，窗洞略小。

　　其建筑立面采用淡黄色和红瓦屋顶相结合为主的暖色调，既醒目又不过分张扬。外立面设计着重突出整体的层次感和空间表情。通过空间层次的转变，打破传统立面的单一和呆板。

案例 1　155.5m² 两层砖混

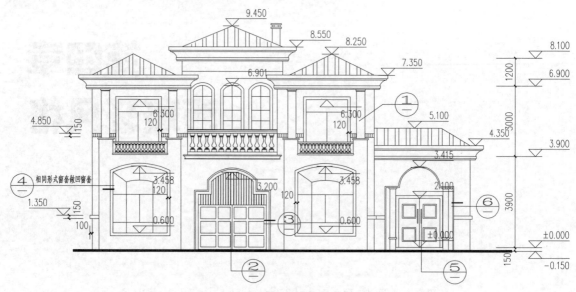

南立面图

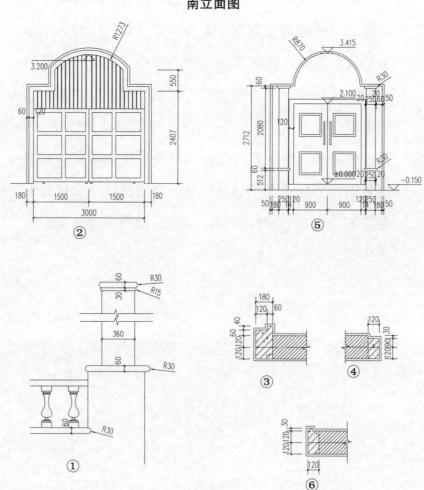

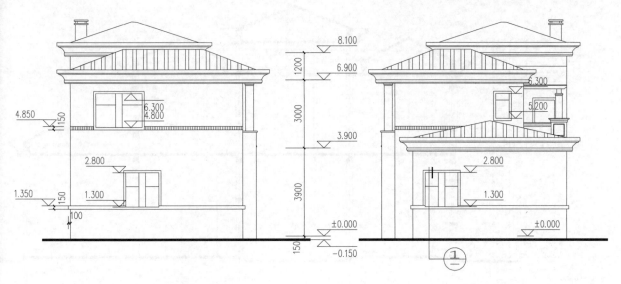

西立面图　　　　　　　　　　　　　东立面图

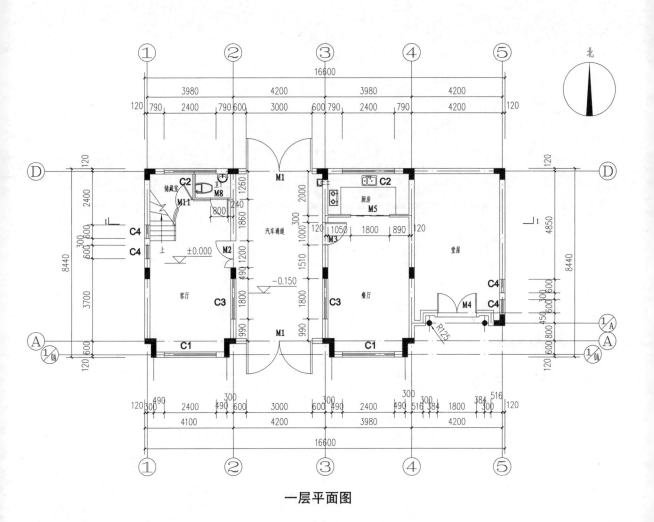

一层平面图

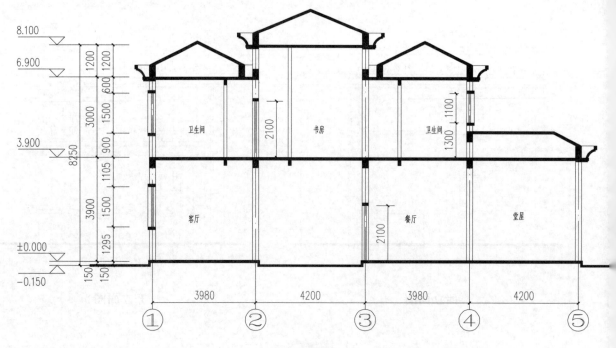

1-1 剖面图

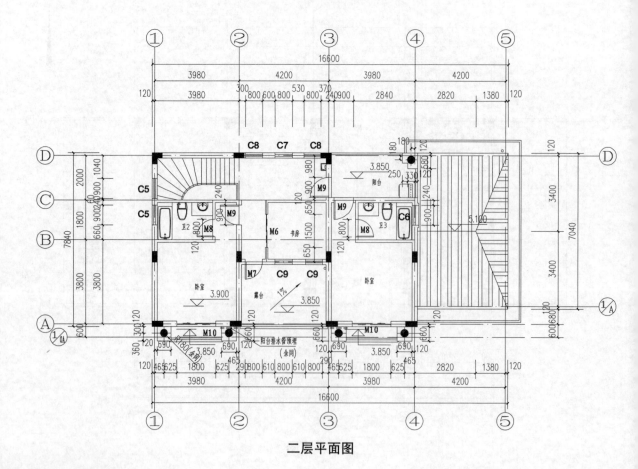

二层平面图

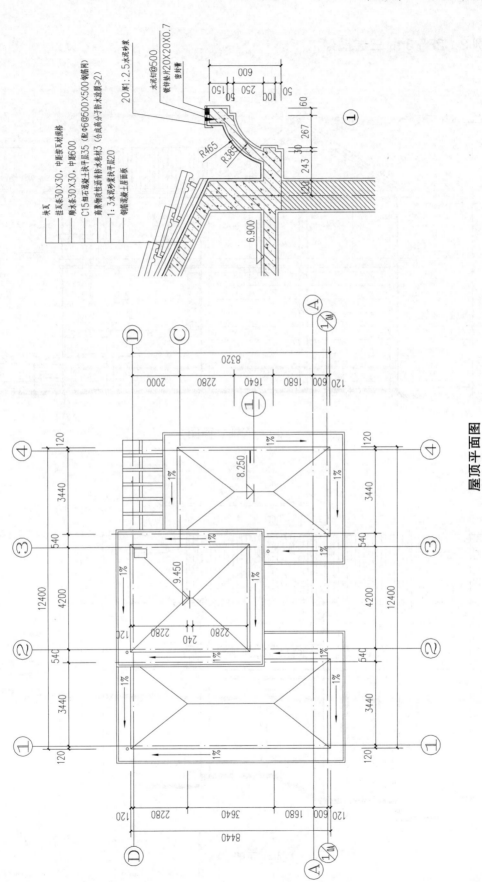

屋顶平面图

案例 2　285.5m² 三层框架

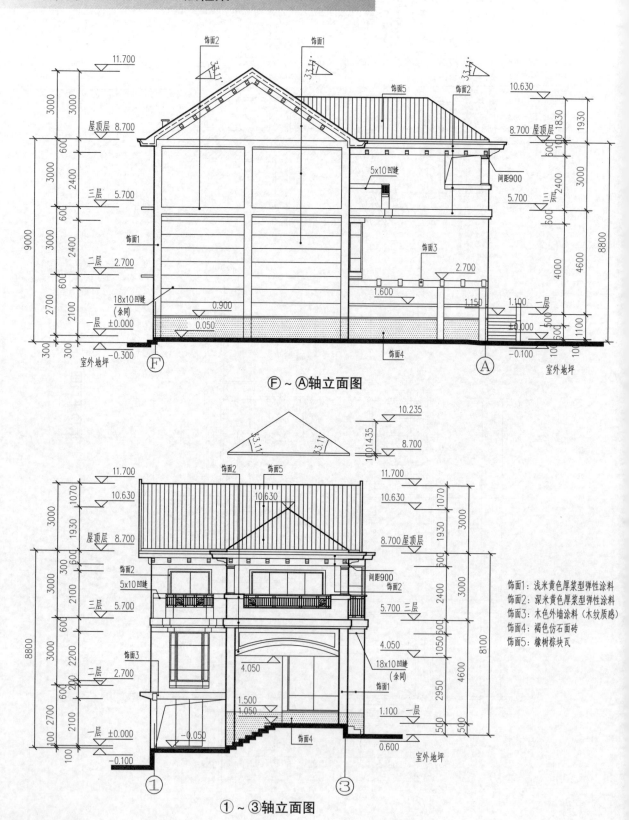

F ~ A轴立面图

饰面1：浅米黄色厚浆型弹性涂料
饰面2：深米黄色厚浆型弹性涂料
饰面3：木色外墙涂料（木纹质感）
饰面4：褐色仿石面砖
饰面5：橡树棕块瓦

① ~ ③轴立面图

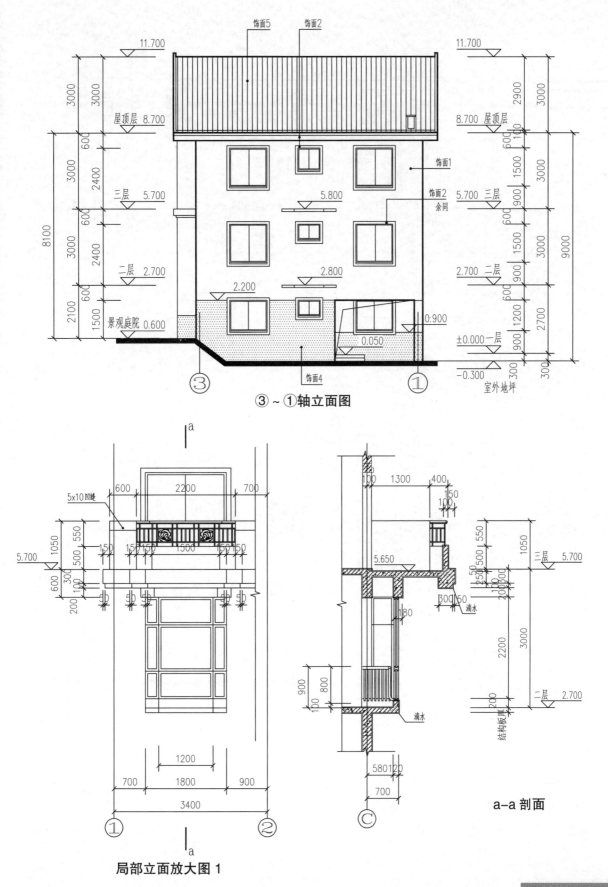

③~①轴立面图

局部立面放大图1

a-a 剖面

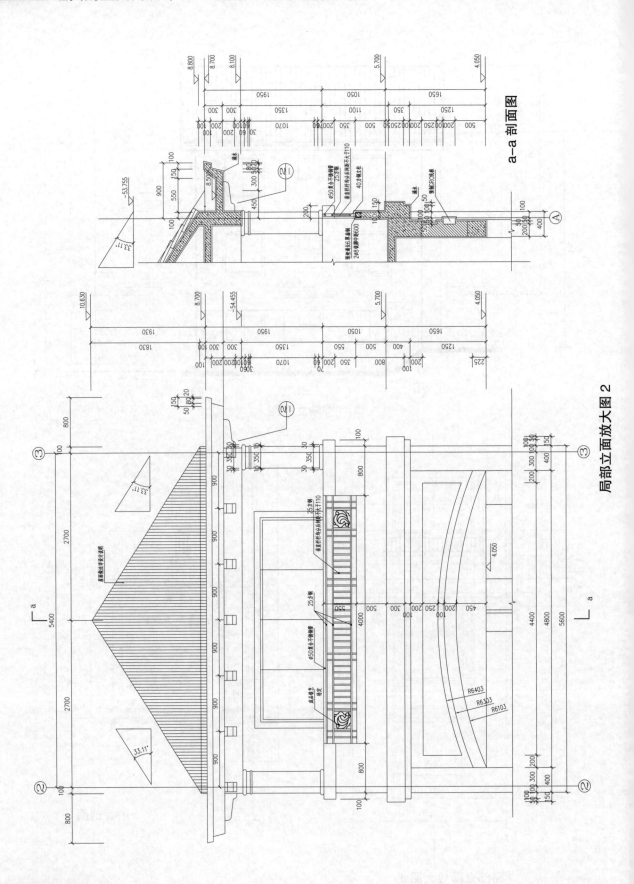

a-a 剖面图

局部立面放大图 2

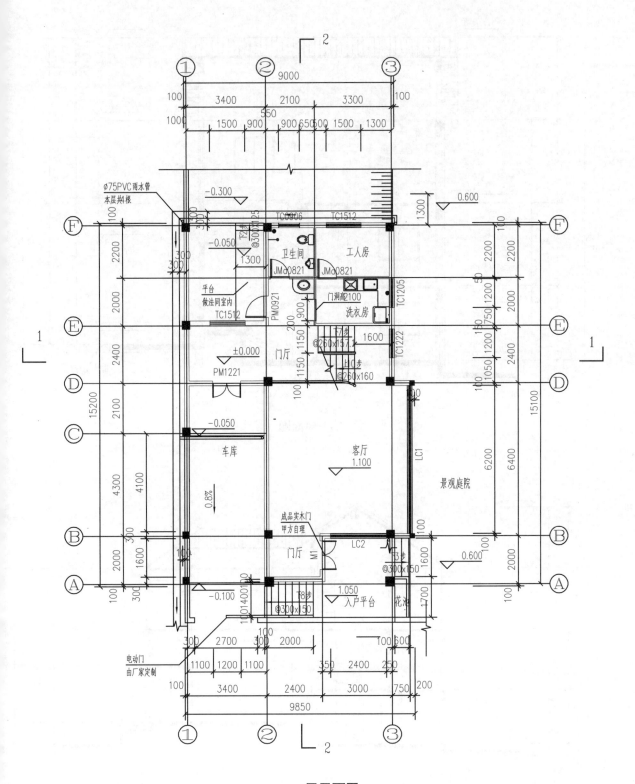

一层平面图

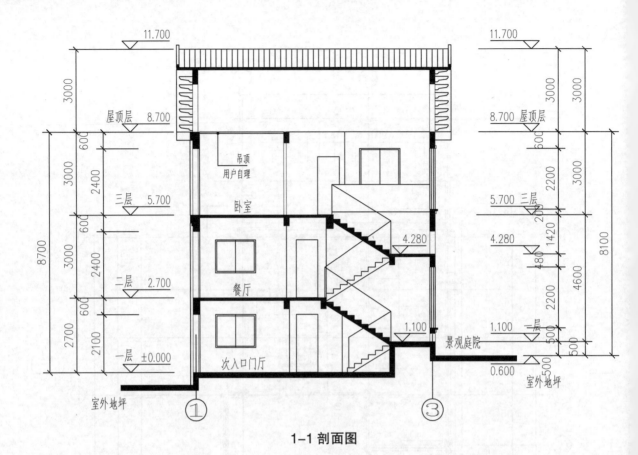

1-1 剖面图

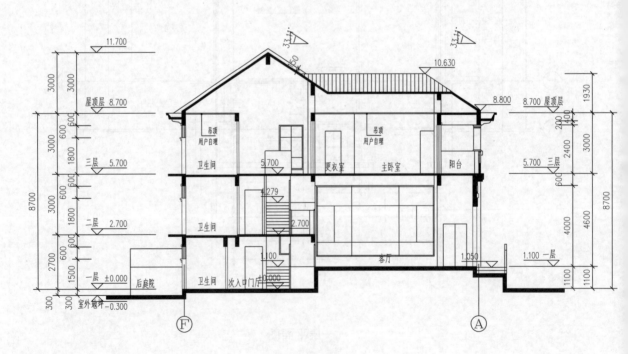

2-2 剖面图

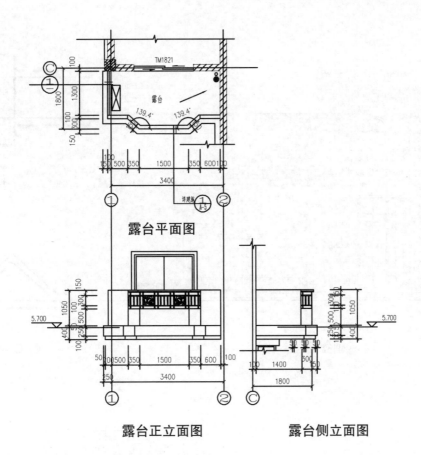

露台平面图

露台正立面图　　　露台侧立面图

案例3　310.0m² 三层砖混

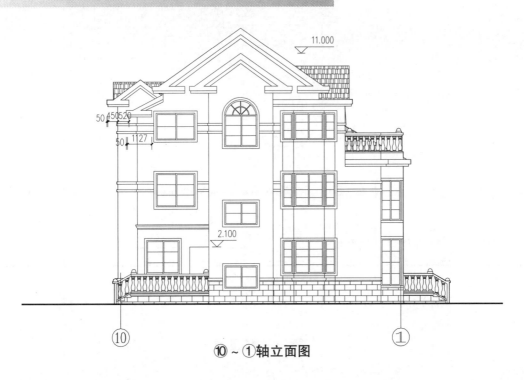

⑩～①轴立面图

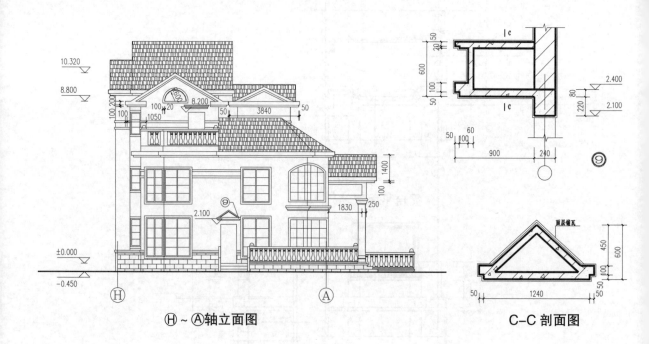

H ~ A轴立面图

C-C 剖面图

A ~ H轴立面图

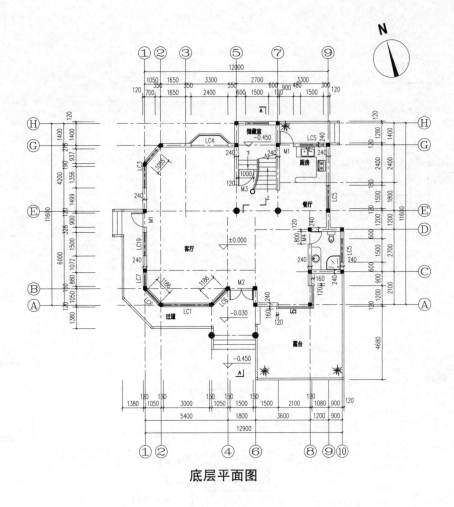

底层平面图

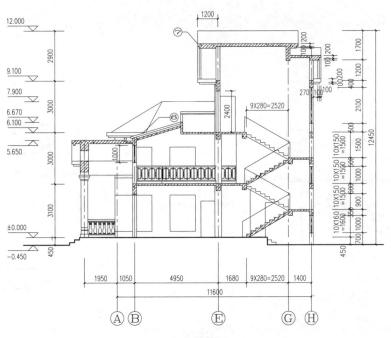

A-A 剖面图

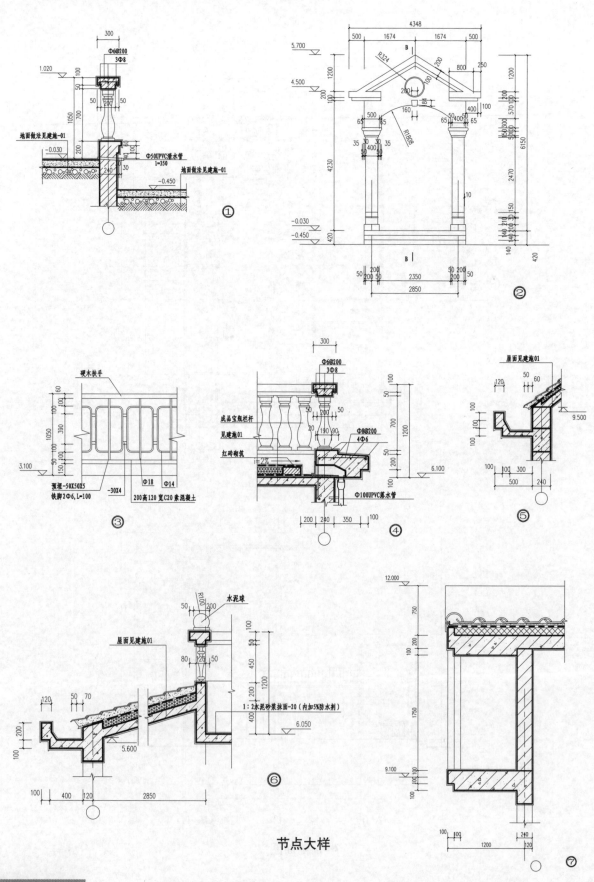

节点大样

案例4 354.5m² 三层砖混

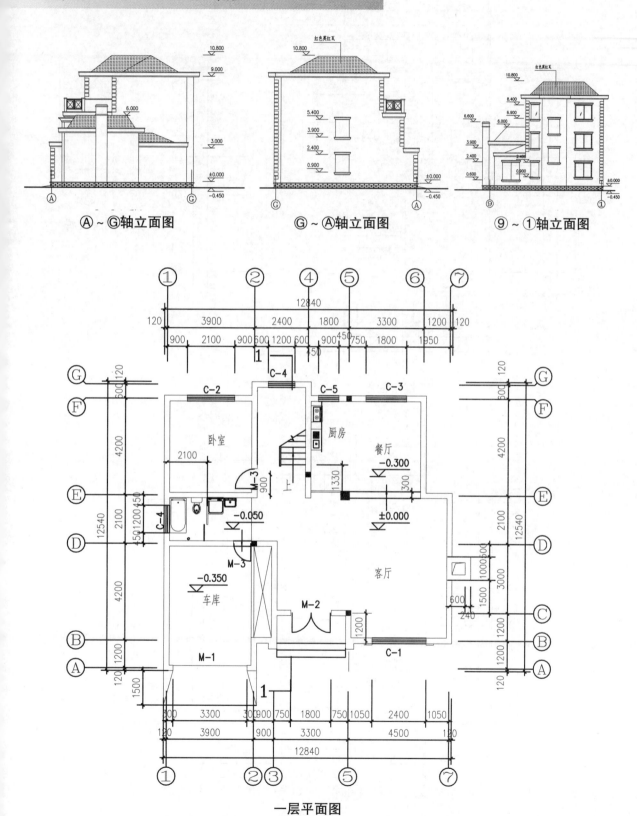

Ⓐ～Ⓖ轴立面图　　　Ⓖ～Ⓐ轴立面图　　　⑨～①轴立面图

一层平面图

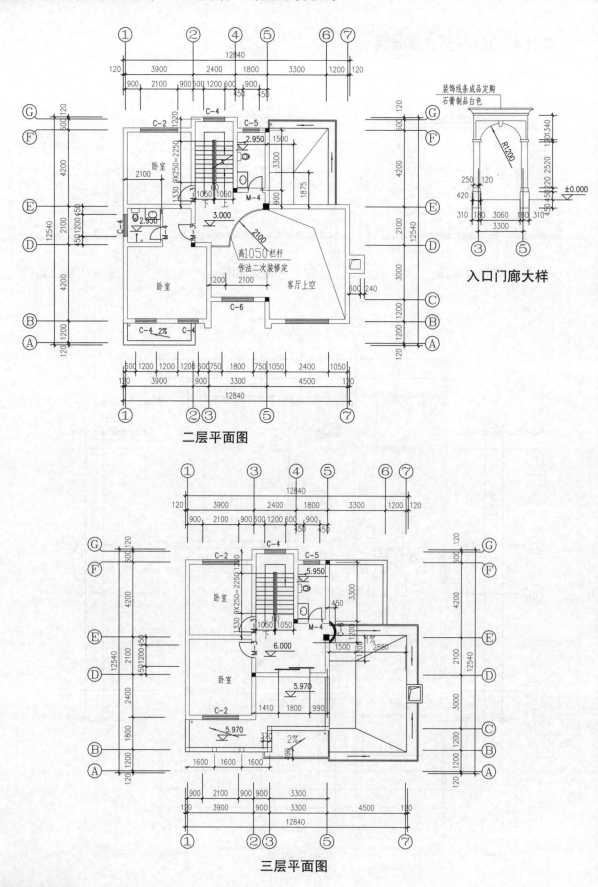

二层平面图

入口门廊大样

三层平面图

案例5 386.5m² 两层砖混

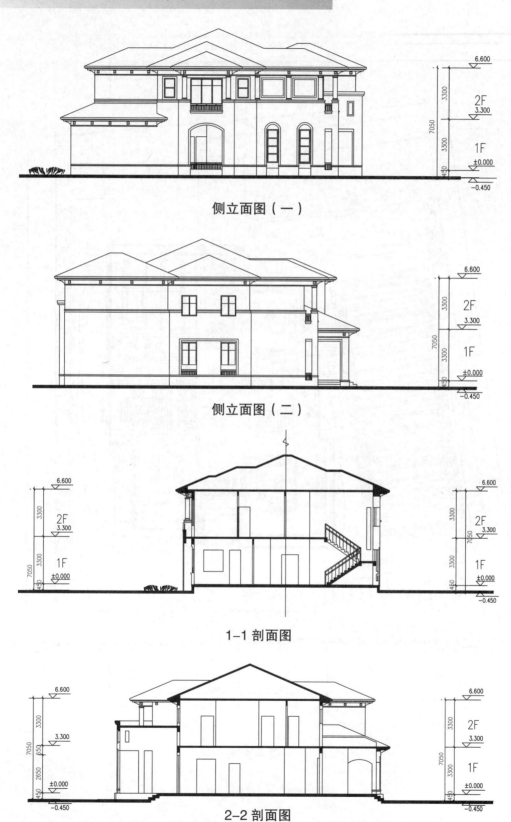

侧立面图（一）

侧立面图（二）

1-1 剖面图

2-2 剖面图

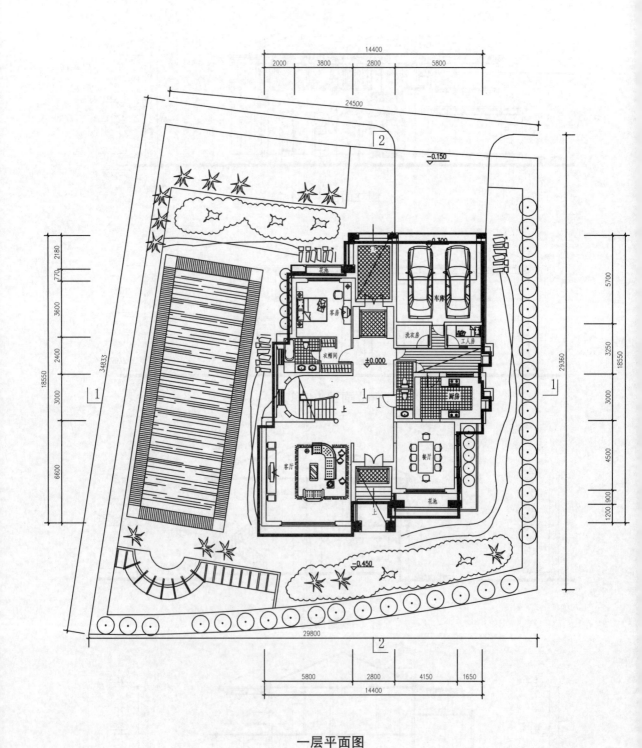

一层平面图

案例6 489.9m² 三层砖混

东立面图

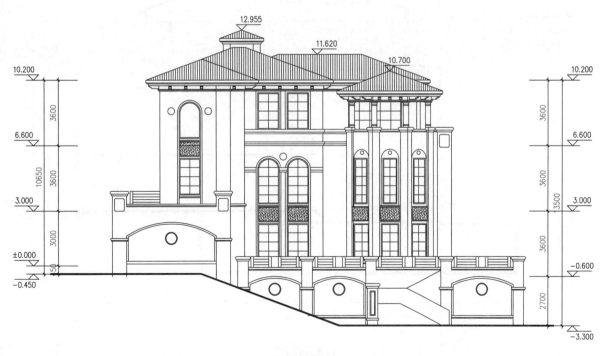

西立面图

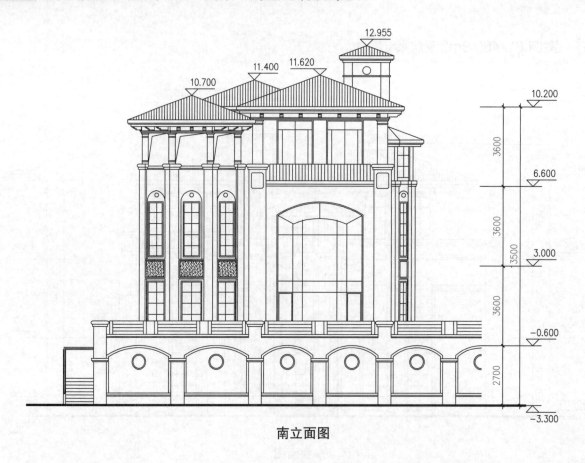

南立面图

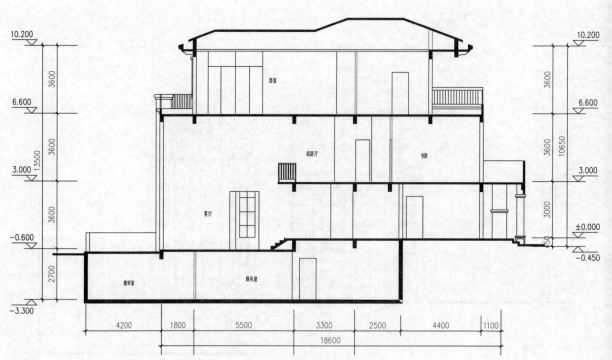

1-1 剖面图

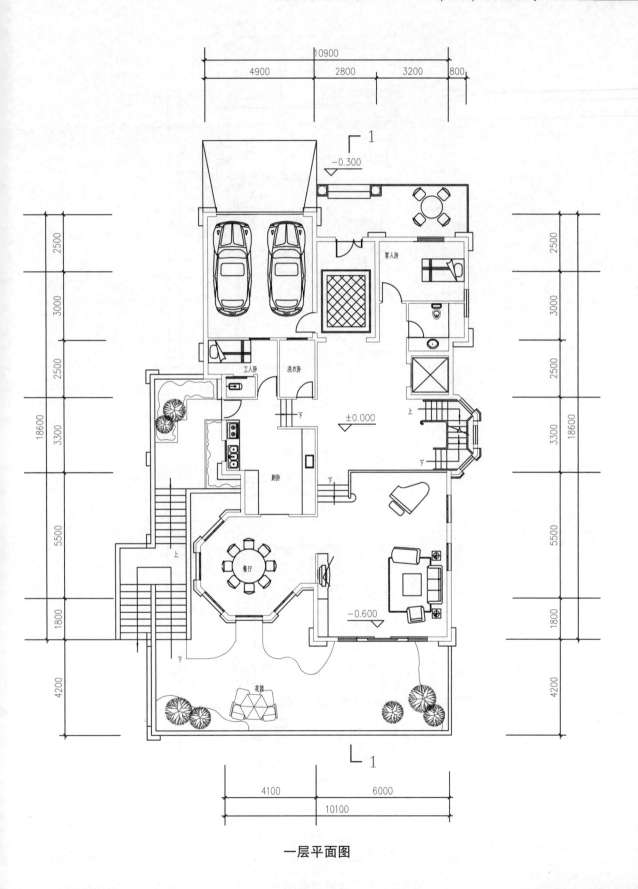

一层平面图

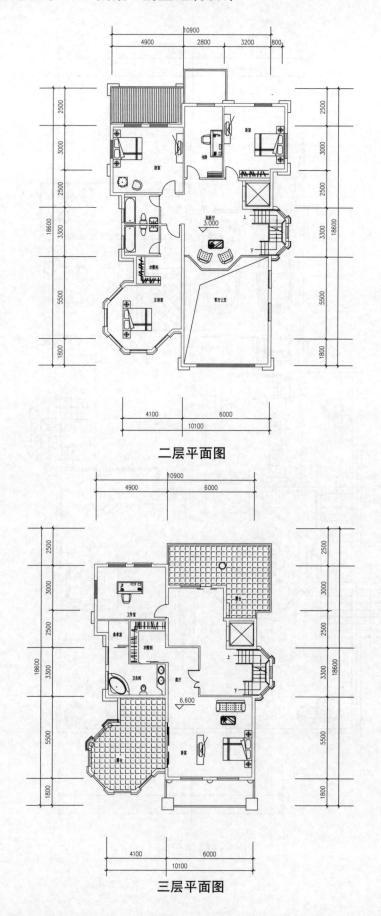

二层平面图

三层平面图

第五章
现代风格

现代风格建筑产生于 19 世纪后期，成熟于 20 世纪 20 年代，在 20 世纪五六十年代风行于全世界，是 20 世纪中叶在西方建筑界居主导地位的一种建筑。建筑强调要随时代而发展，应同工业化社会相适应。建筑强调实用功能和经济问题，主张积极采用新材料、新结构。坚决摆脱过时的建筑式样的束缚，放手创造新的建筑风格。主张发展新的建筑美学，创造建筑新风格。

其外观特征为：通过高耸的建筑外立面和带有强烈金属质感的建筑材料堆积出居住者的炫富感，以国际流行的色调和非对称性的手法，彰显都市感和现代感。

案例1　241.6m² 两层砖混

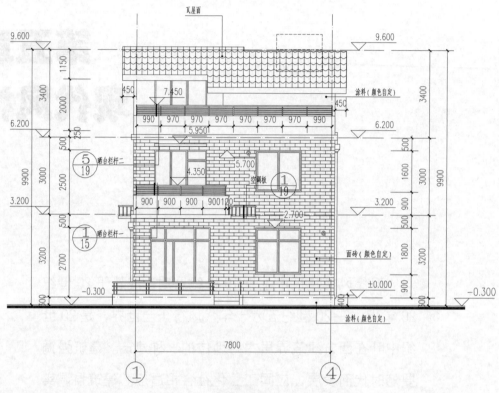

南立面图

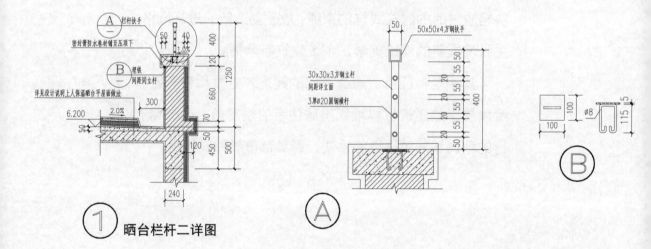

① 晒台栏杆二详图

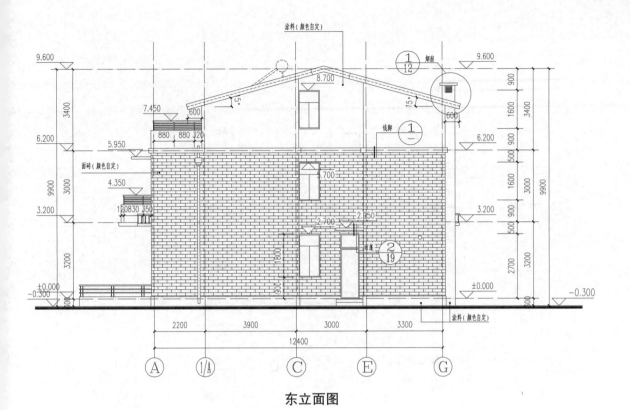

东立面图

西立面图

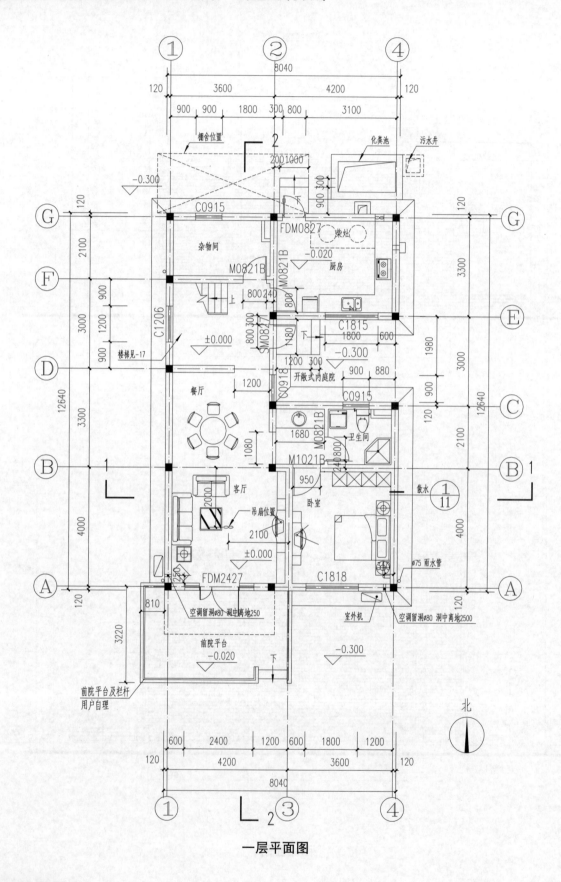

一层平面图

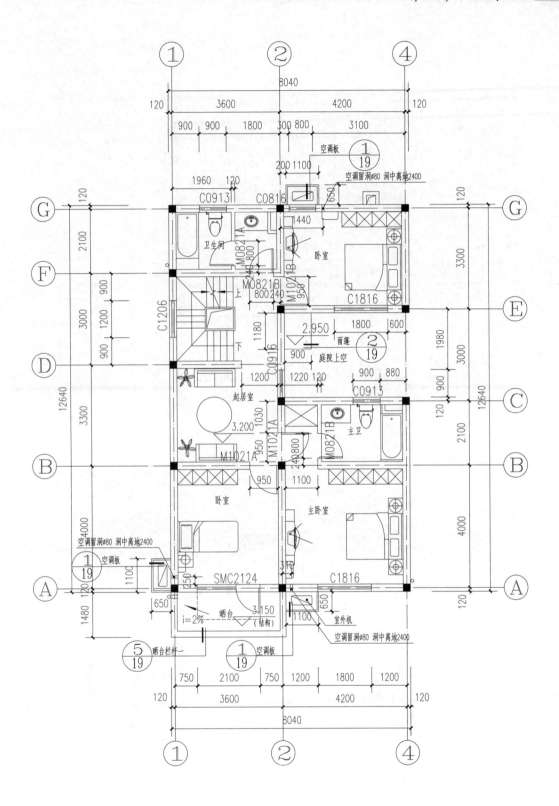

二层平面图

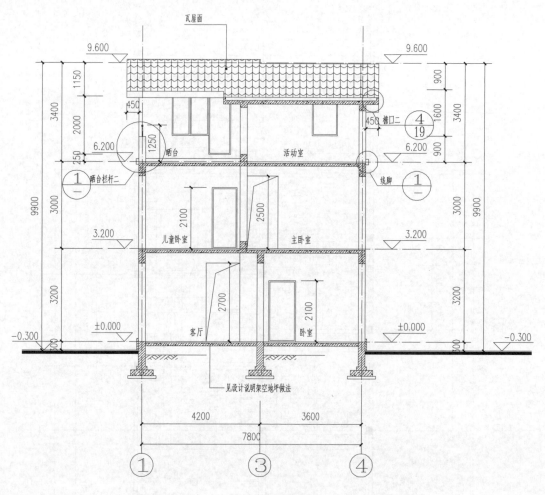

1-1 剖面图

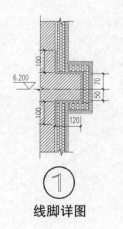

① 线脚详图

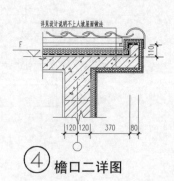

④ 檐口二详图

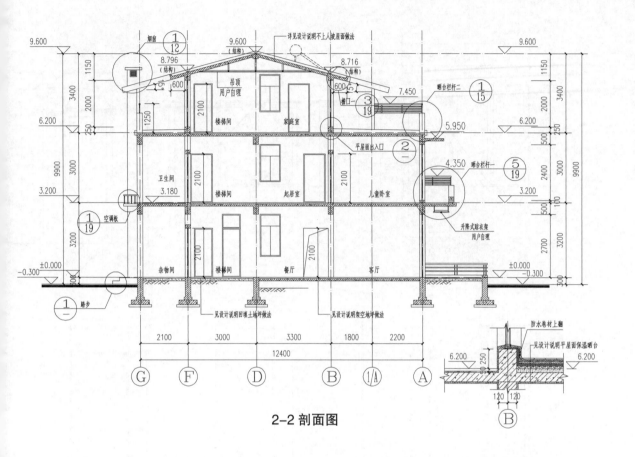

2-2 剖面图

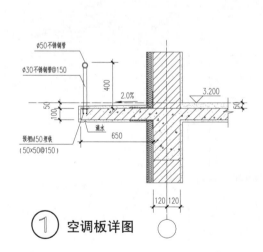

① 空调板详图

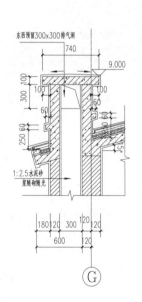

① 烟囱详图

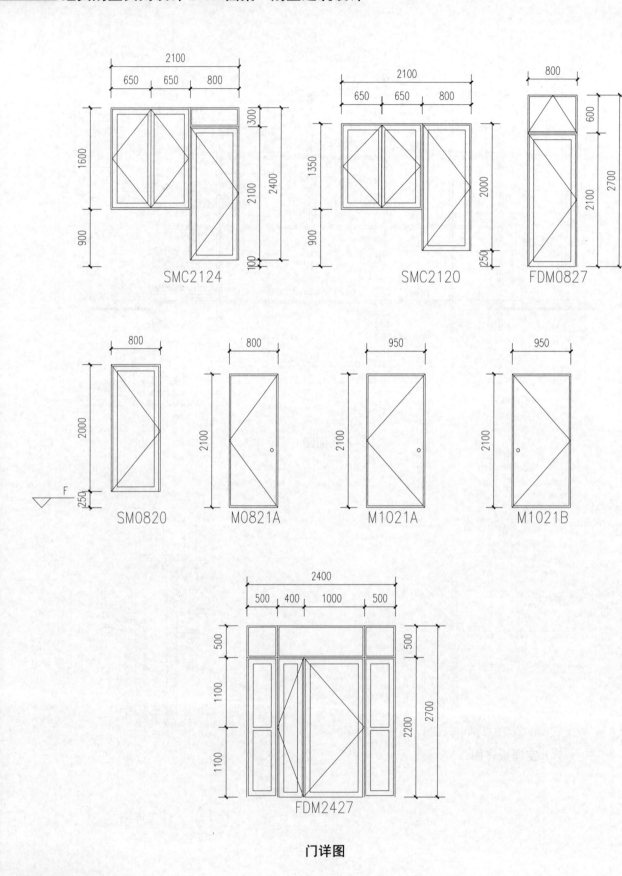

门详图

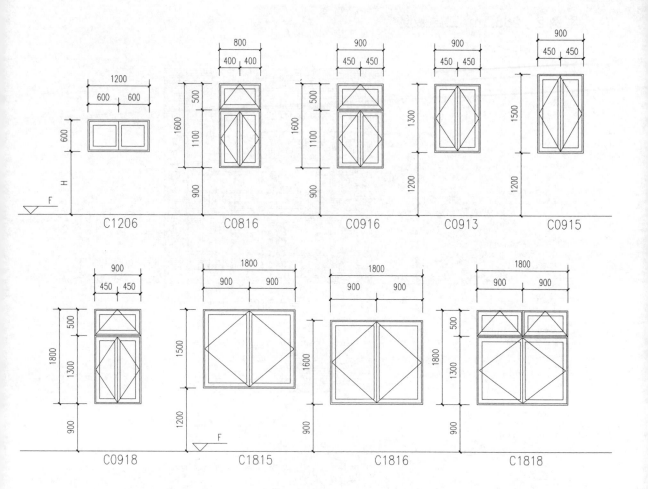

门窗数量表

类型	设计编号	洞口尺寸(mm)	数量	一层	二层	阁楼层	备注
门	SM0820	800X2000	1			1	塑钢平开门
	FDM0827	800X2700	2	2			钢防盗门
	M0821B	800X2100	6	3	2	1	右开
	M1021A	950X2100	4		3	1	左开
	M1021B	950X2100	2	1	1		右开
防盗门	FDM2427	2400X2700	1	1			钢防盗分户门
门连窗	SMC2120	2100X2000	1			1	塑钢门连窗
	SMC2124	2100X2400	1		1		塑钢门连窗
窗	C0816	800X1600	1			1	塑钢平开窗
	C0913	900X1300	2		2		塑钢平开窗
	C0915	900X1500	2	2			塑钢平开窗
	C0916	900X1600	2		1	1	塑钢平开窗
	C0918	900X1800	1	1			塑钢平开窗
	C1206	1200X600	4	1	2	1	塑钢固定窗
	C1815	1800X1500	1	1			塑钢平开窗
	C1816	1800X1600	4		2	2	塑钢平开窗
	C1818	1800X1800	1	1			塑钢平开窗

案例 2　265.1m^2 三层砖混

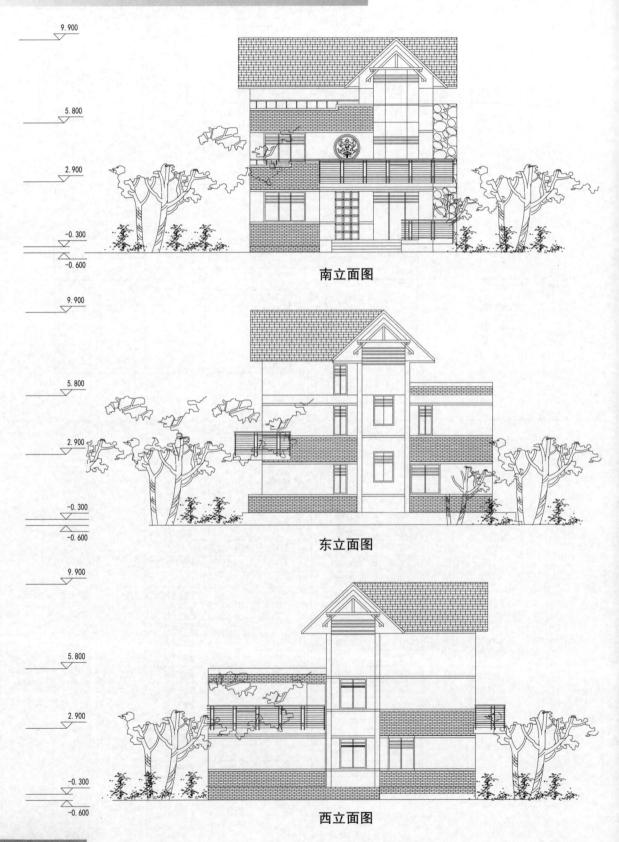

南立面图

东立面图

西立面图

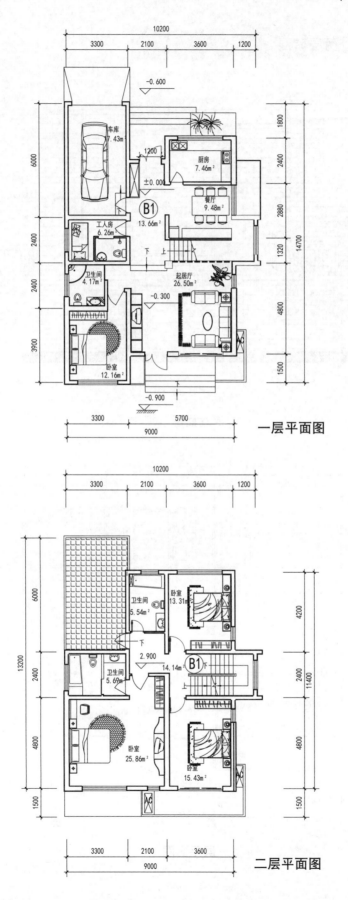

一层平面图

二层平面图

案例 3　361.5m² 两层砖混

西立面图

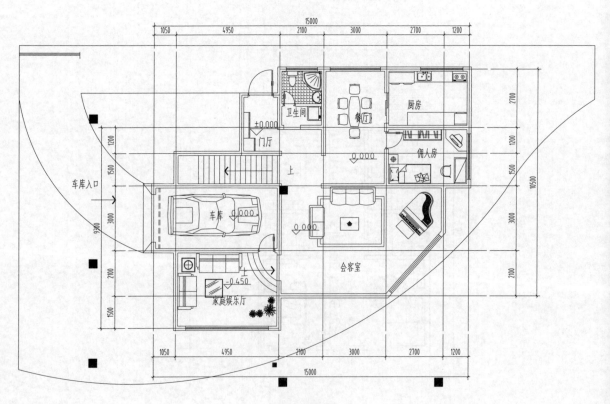

一层平面图

1-1 剖面图

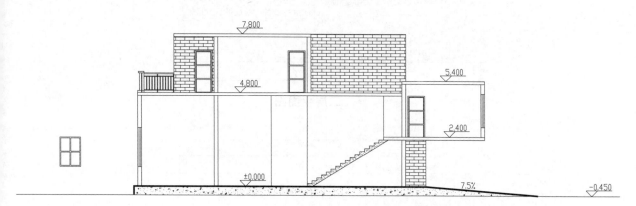

2-2 剖面图

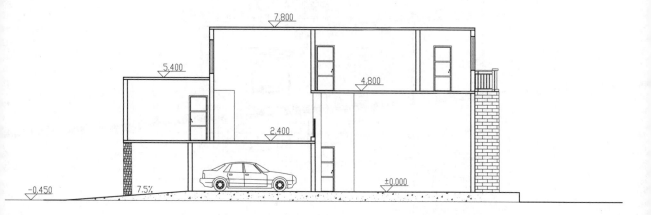

3-3 剖面图

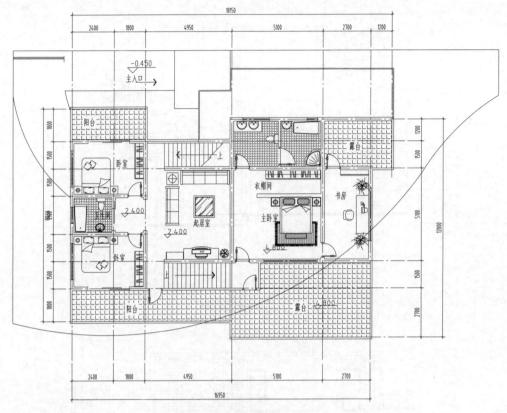

二层平面图

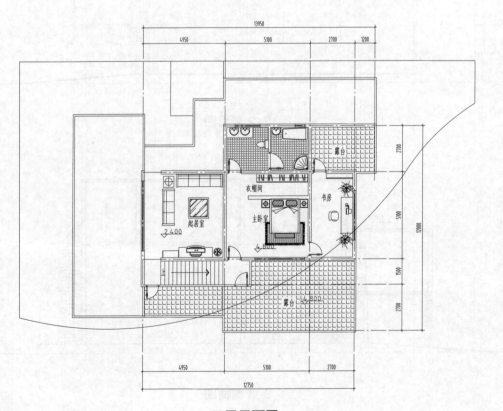

三层平面图

案例4　394.0m² 两层砖混

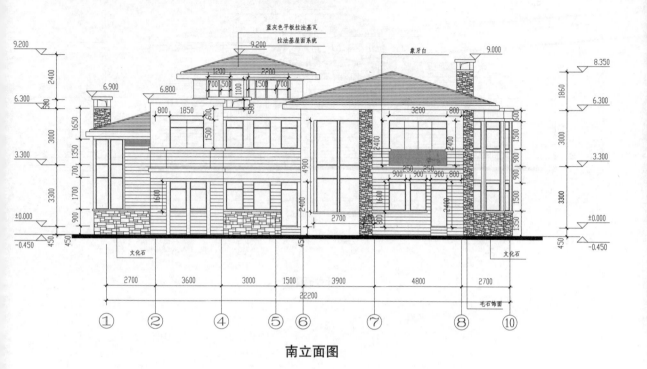

南立面图

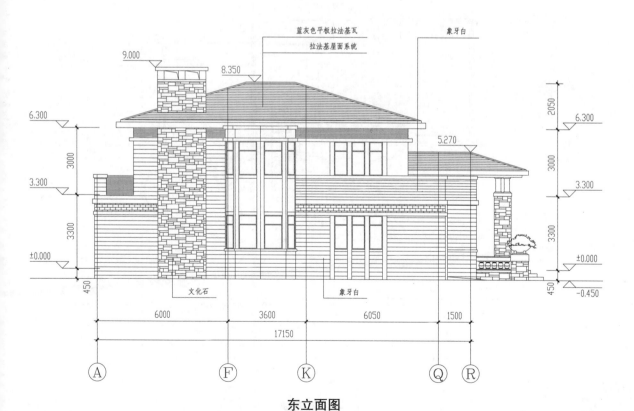

东立面图

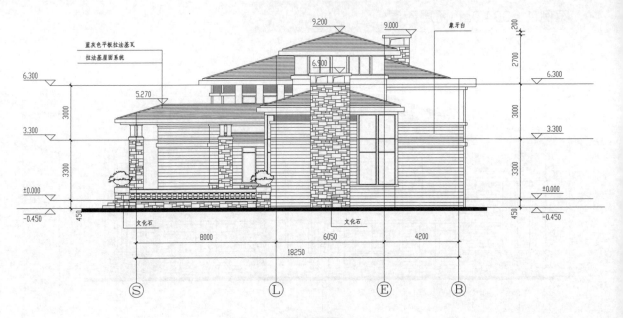

西立面图

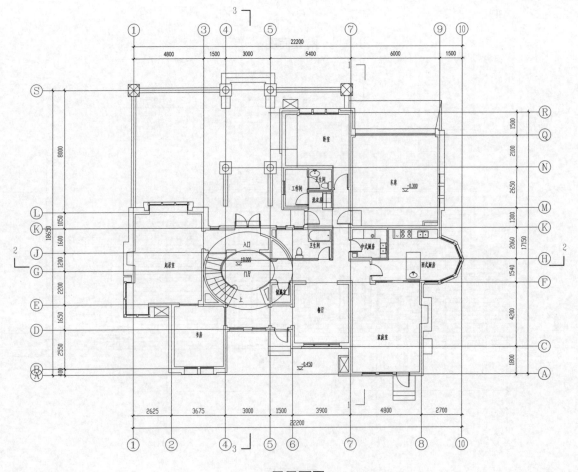

一层平面图

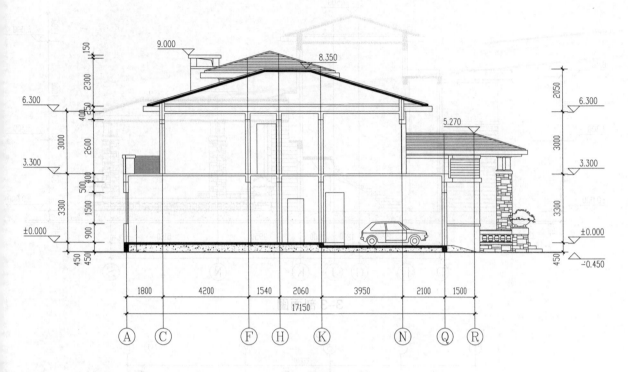

1-1 剖面图

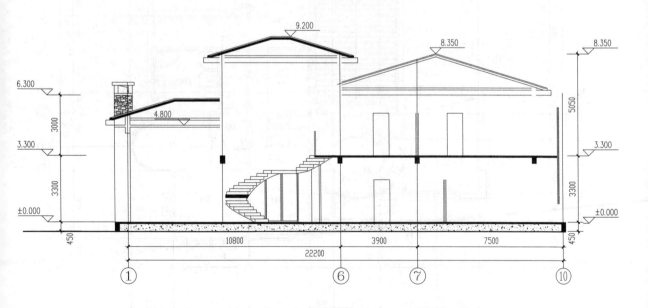

2-2 剖面图

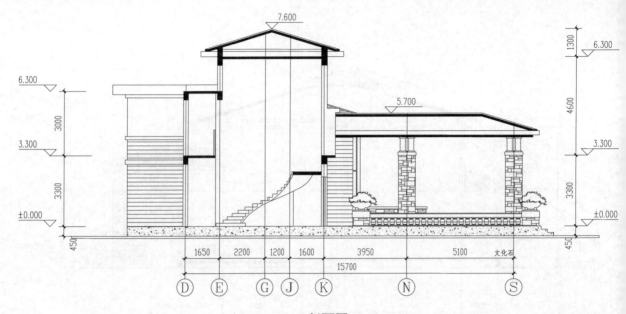

3-3 剖面图

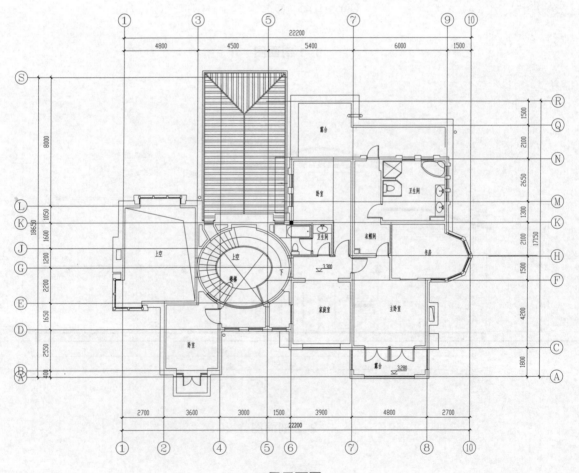

二层平面图

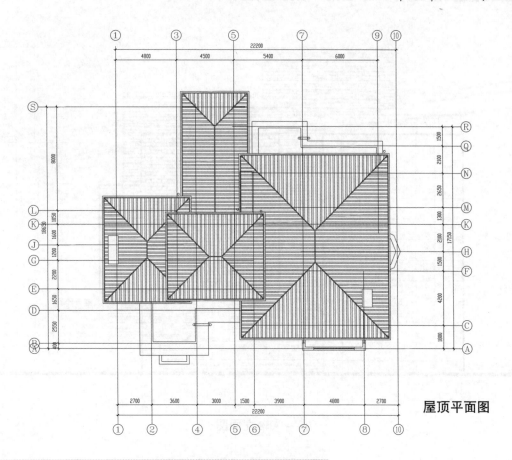

屋顶平面图

案例5 629.0m² 两层框架

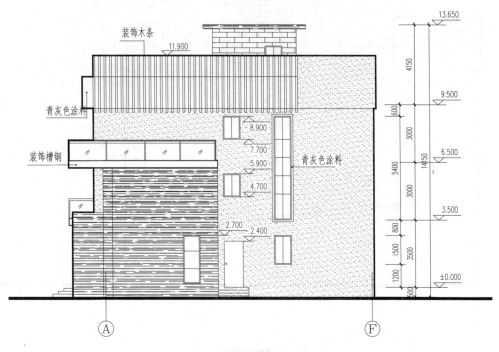

装饰木条

青灰色涂料

装饰槽钢

青灰色涂料

Ⓐ~Ⓕ轴立面图

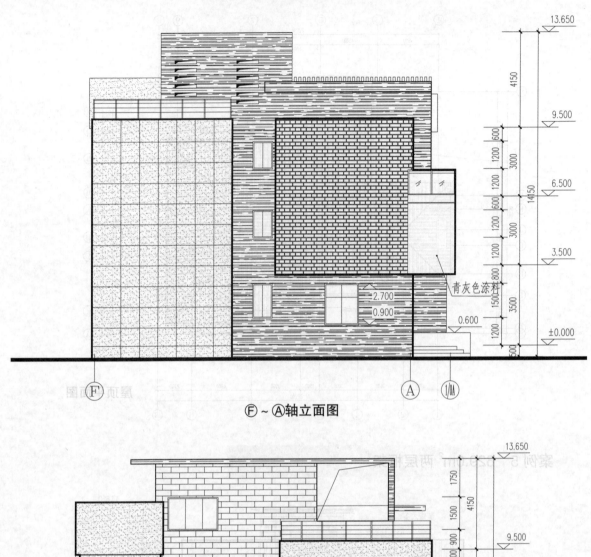

Ⓕ ~ Ⓐ轴立面图

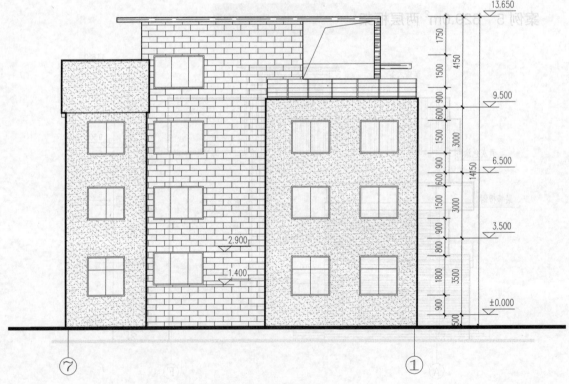

⑦ ~ ①轴立面图

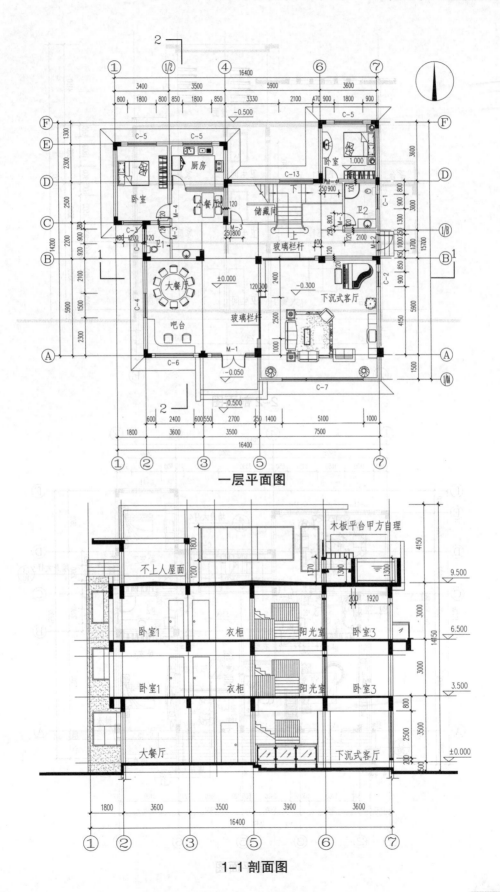

一层平面图

1-1 剖面图

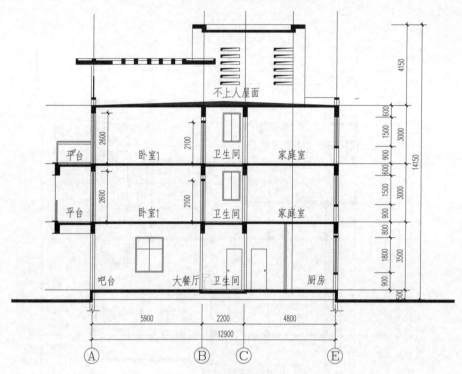

2-2 剖面图

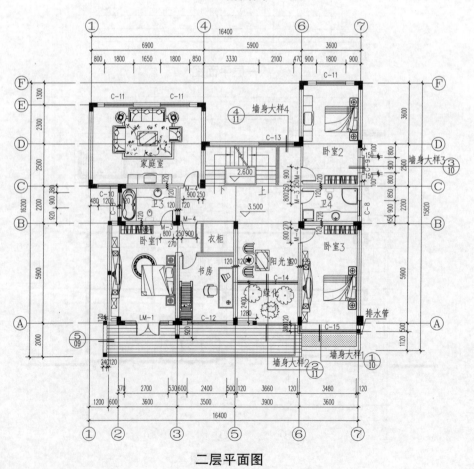

二层平面图

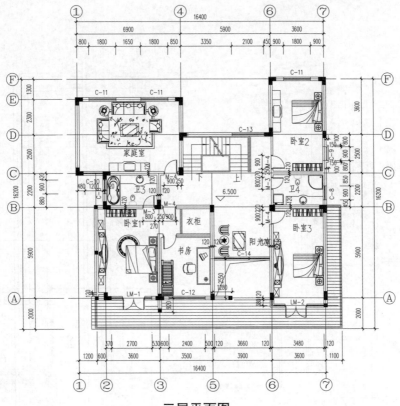

三层平面图

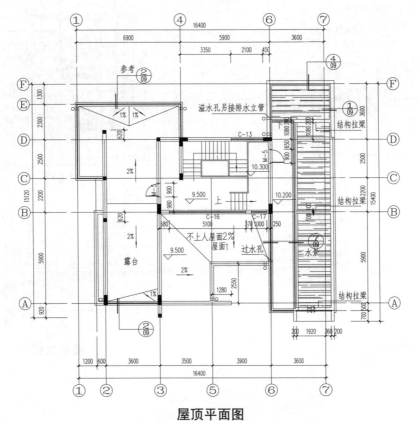

屋顶平面图

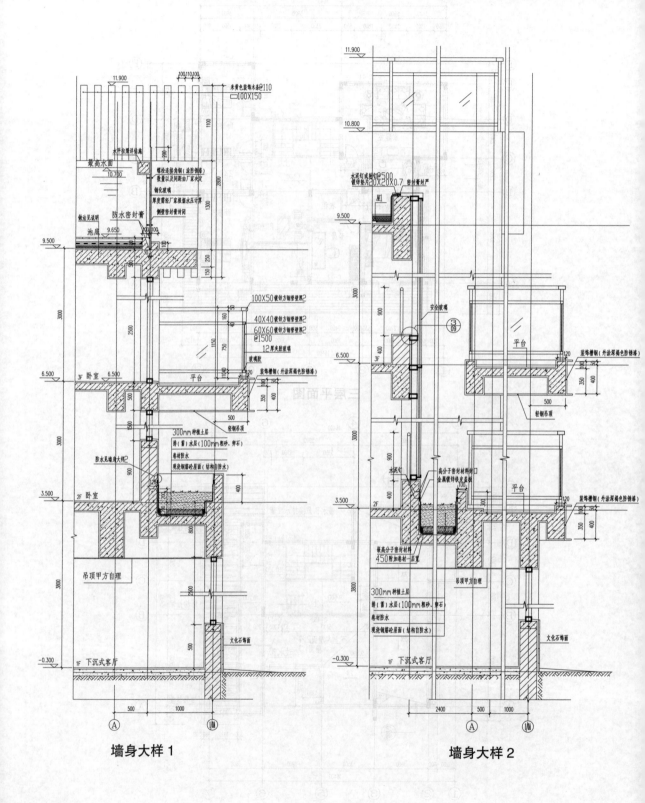

墙身大样 1　　　　　　　　　　　墙身大样 2

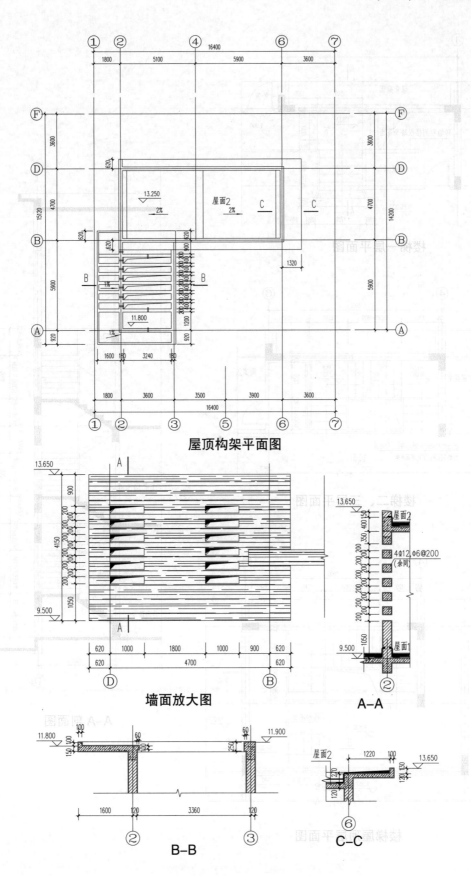

屋顶构架平面图

墙面放大图

A–A

B–B

C–C

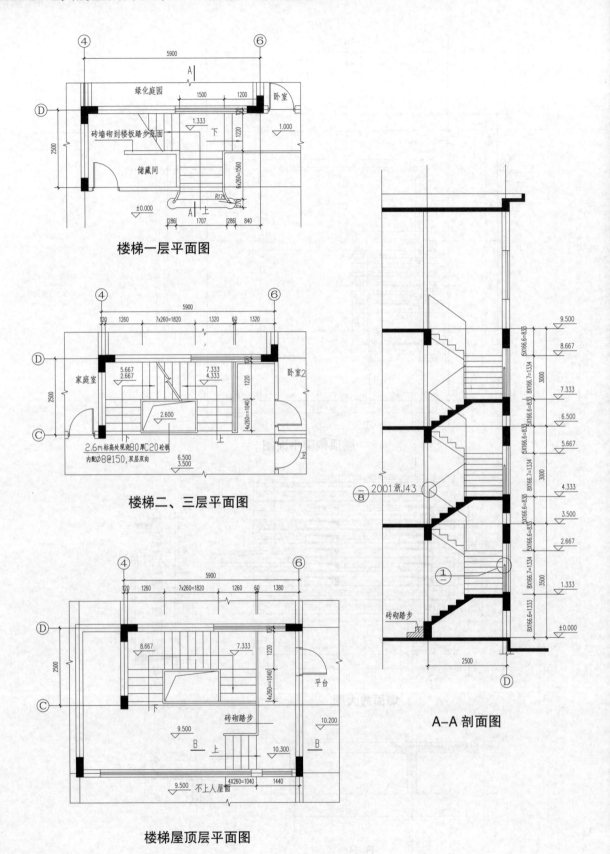

楼梯一层平面图

楼梯二、三层平面图

楼梯屋顶层平面图

A-A 剖面图

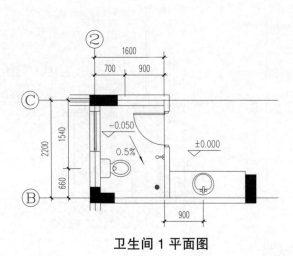

卫生间 1 平面图

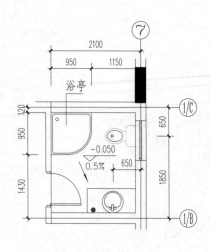

卫生间 2 平面图

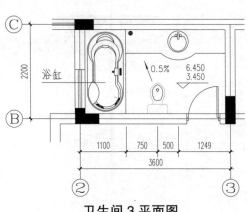
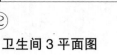

卫生间 3 平面图

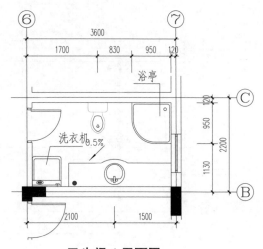

卫生间 4 平面图

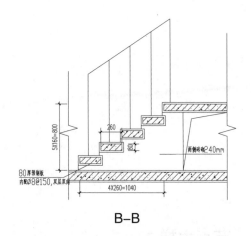

B–B

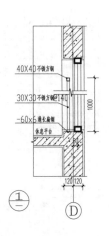

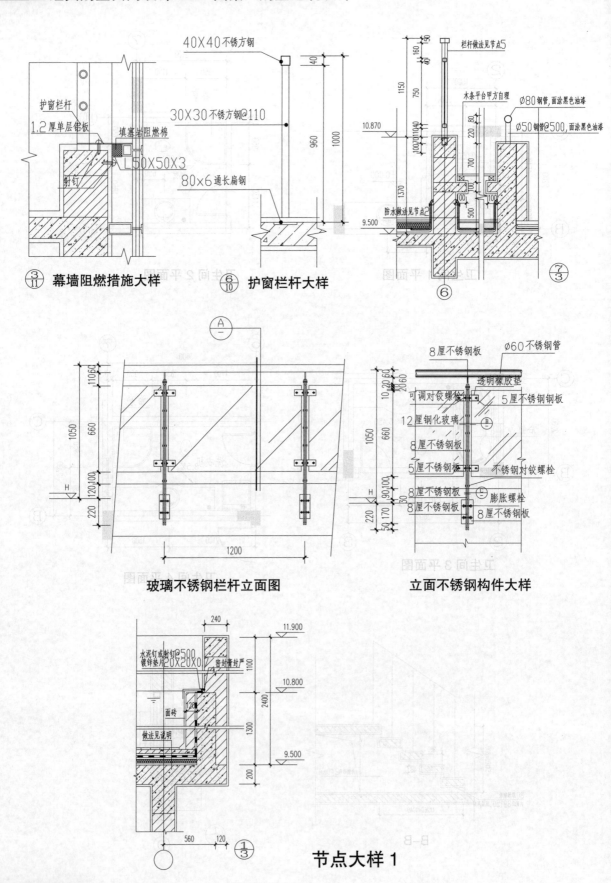

40×40不锈方钢

护窗栏杆
1.2厚单层岩板
填塞岩燃棉
30×30不锈方钢@110
射钉
L50×50×3
80×6通长扁钢

栏杆做法见节点5
木条平台甲方自理
Ø80钢管,面涂黑色油漆
Ø50钢管@500,面涂黑色油漆
防水做法见节点2

$\frac{3}{11}$ 幕墙阻燃措施大样

$\frac{6}{10}$ 护窗栏杆大样

$\frac{7}{3}$

玻璃不锈钢栏杆立面图

8厘不锈钢板
Ø60不锈钢管
透明橡胶垫
可调对铰螺栓
5厘不锈钢钢板
12厘钢化玻璃
8厘不锈钢板
5厘不锈钢板
不锈钢对铰螺栓
8厘不锈钢板
膨胀螺栓
8厘不锈钢板
8厘不锈钢板

立面不锈钢构件大样

水泥钉或射钉@500
镀锌垫片20×20×0.7
密封膏封严
面砖
做法见说明

$\frac{1}{3}$

节点大样1

148

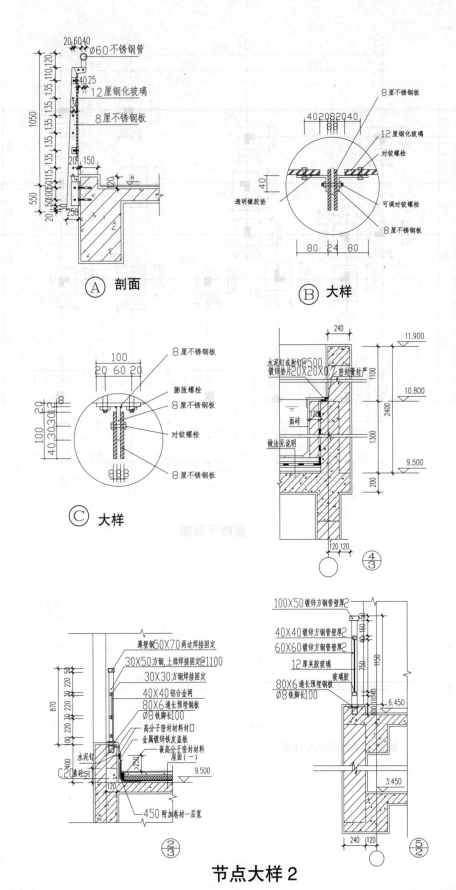

20,60,40
Ø60不锈钢管
40,25
12厘钢化玻璃
8厘不锈钢板
1050
550
250

Ⓐ 剖面

8厘不锈钢板
40 20 0820 40
88
12厘钢化玻璃
对铰螺栓
40
可调对铰螺栓
8厘不锈钢板
透明橡胶垫
80 24 80

Ⓑ 大样

100
20 60 20
8厘不锈钢板
8
膨胀螺栓
8厘不锈钢板
20
对铰螺栓
100
40 30 30
8厘不锈钢板
888

Ⓒ 大样

240
11.900
水泥钉或射钉@500
镀锌垫A20X20X0.2 密封膏封严
1100
面砖
10.800
2400
1300
做法见说明
9.500
200
120 120
④/3

薄壁钢50X70两边焊接固定
30X50方钢,上部焊接固定@1100
30X30钢焊接固定
40X40铝合金网
80X6通长预埋钢板
Ø8铁脚长100
高分子密封材料封口
金属镀锌铁皮盖板
嵌高分子密封材料
屋面(一)
870
水泥钉
C20素砼
250
9.500
120
450附加卷材一层宽
②/3

100X50镀锌方钢管壁厚2
40X40镀锌方钢管壁厚2
60X60镀锌方钢管壁厚2
12厚夹胶玻璃
玻璃胶
80X6通长预埋钢板
Ø8铁脚长100
1150
750
6.450
3.450
240 120
⑤/2

节点大样2

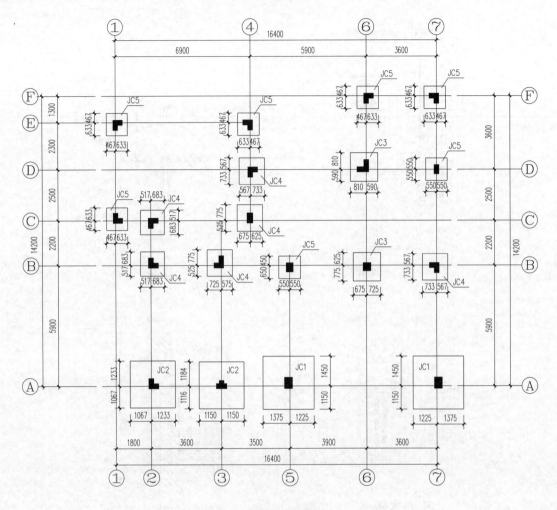

基础平面图

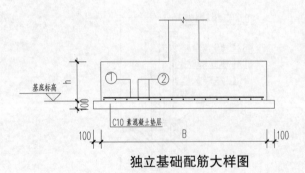

独立基础配筋大样图

			柱基底板钢筋		
			◯	◯	
JC1	2600	2600	Φ14@110	Φ14@110	800
JC2	2300	2300	Φ14@110	Φ14@110	800
JC3	1400	1400	Φ14@120	Φ14@120	800
JC4	1300	1300	Φ14@120	Φ14@120	750
JC5	1100	1100	Φ14@125	Φ14@125	650

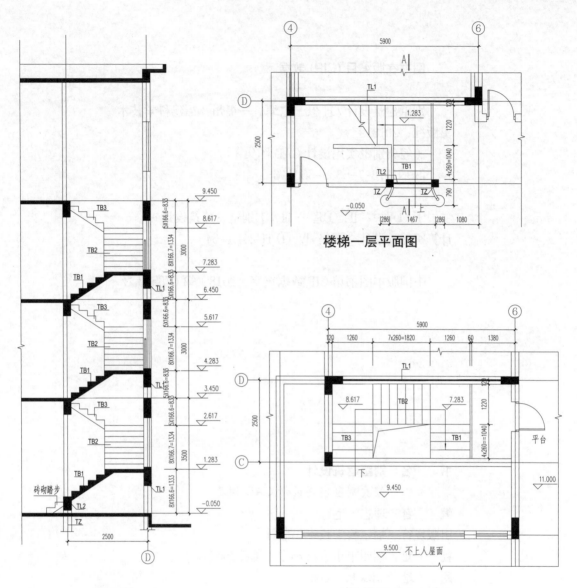

A-A 剖面图

楼梯一层平面图

楼梯屋顶层平面图

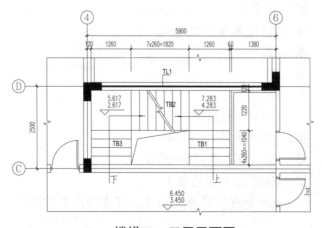

楼梯二、三层平面图

图书在版编目 (CIP) 数据

别墅建筑设计 / 理想·宅编 . —福州：福建科学技术
出版社，2018.9
　（经典别墅实用设计 CAD 图集）
　ISBN 978-7-5335-5600-6

　Ⅰ.①别… Ⅱ.①理… Ⅲ.①别墅 – 建筑设计 –
计算机辅助设计 – 图集 Ⅳ.① TU241.1-64

　中国版本图书馆 CIP 数据核字（2018）第 078543 号

书　　名	别墅建筑设计
	经典别墅实用设计 CAD 图集
编　　者	理想·宅
出版发行	福建科学技术出版社
社　　址	福州市东水路76号（邮编350001）
网　　址	www.fjstp.com
经　　销	福建新华发行（集团）有限责任公司
印　　刷	福州万紫千红印刷有限公司
开　　本	787毫米×1092毫米　1/16
印　　张	9.5
插　　页	20
图　　文	152码
版　　次	2018年9月第1版
印　　次	2018年9月第1次印刷
书　　号	ISBN 978-7-5335-5600-6
定　　价	49.80元（含光盘）

书中如有印装质量问题，可直接向本社调换